《畜禽粪便资源化利用技术模式》系列丛书

畜禽粪便资源化利用技术
——清洁回用模式

◎ 全国畜牧总站　组编

中国农业科学技术出版社

图书在版编目（CIP）数据

畜禽粪便资源化利用技术．清洁回用模式／全国畜牧总站组编．
—北京：中国农业科学技术出版社，2016.8
（《畜禽粪便资源化利用技术模式》系列丛书）
ISBN 978-7-5116-2640-0

Ⅰ．①畜…　Ⅱ．①全…　Ⅲ．①畜禽－粪便处理　Ⅳ．①X713

中国版本图书馆 CIP 数据核字（2016）第 141219 号

责任编辑　闫庆健　鲁卫泉
责任校对　马广洋

出 版 者　中国农业科学技术出版社
北京市中关村南大街 12 号　邮编：100081
电　　话　（010）82106632（编辑室）（010）82109704（发行部）
（010）82109709（读者服务部）
传　　真　（010）82106625
网　　址　http://www.castp.cn
经 销 者　各地新华书店
印 刷 者　北京科信印刷有限公司
开　　本　787 mm × 1092 mm　1 /16
印　　张　9.25
字　　数　219 千字
版　　次　2016 年 8 月第 1 版　2017 年 11 月第 2 次印刷
定　　价　39. 80 元

《畜禽粪便资源化利用技术——清洁回用模式》

编委会

主　编：郑瑞峰　杨军香

副主编：陶秀萍　施正香

编　者：郑瑞峰　杨军香　陶秀萍　施正香　任　康
陈家贵　黄萌萌　谢俊龙　原积友　徐　旭
杨　帆　张宝石　周　培　李　志　付永利

前言

近年来，我国规模化畜禽养殖业快速发展，已成为农村经济最具活力的增长点，有力推动了现代畜牧业转型升级和提质增效，在保供给、保安全、惠民生、促稳定方面的作用日益突出。但畜禽养殖业规划布局不合理、养殖污染处理设施设备滞后、种养脱节、部分地区养殖总量超过环境容量等问题逐渐凸显。畜禽养殖污染已成为农业面源污染的重要来源，如何解决畜禽养殖粪便处理利用问题，成为行业焦点。

《中华人民共和国环境保护法》《畜禽规模养殖污染防治条例》和国务院《大气污染防治行动计划》《水污染防治行动计划》《土壤污染防治行动计划》等对畜禽养殖污染防治工作均提出了明确的任务和时间要求，国家把畜禽养殖污染纳入主要污染物总量减排范畴，并将规模化养殖场（小区）作为减排重点。《农业部关于打好农业面源污染防治攻坚战的实施意见》将畜禽粪便基本实现资源化利用纳入“一控两减三基本”的目标框架体系，全面推进畜禽粪便处理和综合利用工作。

作为国家级畜牧技术推广机构，全国畜牧总站近年来高度重视畜禽养殖污染防治工作，以“资源共享、技术支撑、合作示范”为指导，以畜禽粪便减量化产生、无害化处理、资源化利用为重点，组织各级畜牧技术推广机构、高等院校和科研单位的专家学者开展专题调研和讨论，深入了解分析制约养殖场粪便处理的瓶颈问题，认真梳理畜禽粪便处理利用的技术需求，总结提炼出“种养结合、清洁回用、达标排放、集中处理”等四种具体模式，并组织编写了《畜禽粪便资源化利用技术模式》系列丛书。

本书为《清洁回用模式》，共4章，分别为概述、技术单元、应用要求和典型案例。围绕大型规模化养殖场受土地、技术和成本制约，从而导致养殖场粪便利用意愿不高、利用模式标准化程度差、工艺参差不齐、利用效率低和资源浪费严重等普遍存在的粪便综合利用焦点问题，全面深入探讨和阐述国内、国外畜禽养殖粪便在清洁回用方面取得的先进成果、先进技术和先进经验，并总结归纳全国不同地区的典型案例。

该书图文并茂，内容理论联系实际，介绍的技术模式具有先进、适用特点，可供畜牧行业工作者、科技人员、养殖场经营管理者及技术人员学习、借鉴和参考。

在本书编写过程中，得到了各省（市、区）畜牧技术推广机构、科研院校和养殖场的大力支持，在此表示感谢！由于编者水平有限，书中难免有疏漏之处，敬请批评指正。

编者

2016年3月

目录

第一章　概　述

第一节　概 念

一、粪 便

粪便是指畜禽养殖过程中产生的废弃物，包括粪、尿、垫料、冲洗水、动物尸体、饲料残渣和臭气等。由于动物尸体通常是单独收集和处理，臭气产生后即挥发，本书定义的粪便主要包括畜禽粪、尿、垫料、饲料残渣及其与冲洗水形成的混合物。其中，固体粪便称为干粪，液体粪便称为粪水。

（一）粪便成分的来源

由于粪便主要是畜禽干粪、尿和冲洗水的混合物，畜禽干粪和尿中的成分都存在于粪便中。

1. 干粪的成分

（1）含水量。干粪中的含水量，随动物种类、年龄不同而不同。正常成年动物干粪的含水量分别为：猪粪 81.5%、牛粪 83.3%、羊粪 65.5%、鸡粪 50.5%。

（2）含氮量。粪中氮的来源有两方面：一是未消化的饲料蛋白，即外源性氮；二是机体代谢氮，即内源性氮。畜禽干粪中的粗蛋白包括蛋白质和非蛋白含氮物两部分。粪中的蛋白质包括多种菌体蛋白、消化道脱落的上皮细胞、消化酶以及存在于饲料残渣中的各种未消化蛋白；非蛋白含氮物包括游离氨基酸、尿素、尿酸、氨、胺、含氮脂类、核酸及其降解产物等。干粪中的氮主要是有机氮，有机氮含量占粪中总氮量的 80% 以上。有机氮只有被矿化后才能被植物吸收，而干粪中的无机氮（氨氮）能被植物直接吸收利用。

畜禽干粪中的粗蛋白平均含量以鸡粪最高，其次是猪粪，草食动物干粪相对较低。在鸡粪中粗蛋白含量又以笼养肉鸡粪最高，依次是笼养蛋鸡粪、肉鸡垫料粪、蛋鸡垫料粪和后备鸡垫料粪。

粪中氮的存在形式也具有畜禽差异，猪粪中纯蛋白含量较高，一般占粗蛋白总量的 60% 以上，牛粪中的粗蛋白主要是氨氮和尿素，纯蛋白含量较少；鸡粪中的粗蛋白以纯蛋白为主，其次是尿酸和氨氮，尿素和其他含氮物很少。当然干粪在降解中各种氮的含量也会发生变化。

粪中氮占粪尿总氮量的比因畜禽种类不同而异：奶牛为 60%、肉牛和绵羊为 50%、猪为 33%、鸡为 25%。同种畜禽由于受饲料性质等多种因素的影响，粪尿氮之比常可发生一定的变化。

（3）矿物质含量。干粪中的矿物质来源分两部分，一部分是日粮中未被动物吸收的外源性矿物质，另一部分是由机体代谢经消化道或消化腺等器官分泌出来的内源性矿物质。由于不同矿物元素在饲料中的含量不同以及不同动物对各种矿物质元素的吸收、代谢和排泄状况不同，畜禽干粪中的矿物质含量差异很大。

磷，反刍动物磷吸收率平均为 55%，非反刍动物磷吸收率在 50%~85%，而植酸磷消化吸收率低，一般在 30%~40%。猪粪中的内源性磷大多由小肠分泌，40% 随干粪排泄，60% 随尿排出；草食动物内源性磷主要由瘤胃分泌，大部分随干粪排出，小部分随尿排出，泌乳家畜从乳中也可排出一定量的磷。干粪中部分磷以有机形式存在，必须经过分解矿化后才能被植物吸收。

钾，饲料中的绝大部分钾可被吸收，而吸收的钾有 80%~85% 随尿排出，10% 随粪排出，其余随汗排出。畜禽干粪中钾通常为无机养分，几乎完全为有效钾，能直接被植物利用。

铜，饲料中铜的吸收率一般只有 5%~10%，被吸收的铜大部分（80% 以上）随胆汁排出，少量通过肾脏（约 5%）和肠壁（约 10%）排出；未被吸收的铜随干粪排出。反刍动物随胆汁排出的铜低于单胃动物，但随尿排出的铜高于单胃动物。

锌，反刍动物对锌的吸收能力为 20%~40%，成年单胃动物为 7%~15%。粪中的锌大部分是日粮中未被吸收的锌，小部分是由消化道所分泌的内源性锌。随尿排出的内源性锌量很少。

（4）病原微生物。畜禽干粪中常含有病原微生物。青霉菌、黄曲霉菌和黑曲霉菌是畜禽干粪中常见的病原霉菌。畜禽干粪中都能检出沙门氏菌属、志贺氏菌属、埃希氏菌属及各种曲霉属的致病菌型。

鸡粪中常见的病原微生物有：丹毒杆菌、李氏杆菌、禽结核杆菌、白色链球菌、梭菌、棒状杆菌、金黄色葡萄球菌、沙门氏菌、烟曲霉、鸡新城疫病毒、鹦鹉病毒等。

猪粪中常见的病原微生物有：猪霍乱沙门氏菌、猪伤寒沙门氏菌、猪巴氏杆菌、绿脓杆菌、李氏杆菌、猪丹毒杆菌、化脓棒状杆菌、猪链球菌、猪瘟病毒、猪水泡病毒等。

牛粪中常见的病原微生物有：魏氏梭菌、牛流产布氏杆菌、绿脓杆菌、坏死杆菌、化脓棒状杆菌、副结核分支杆菌、金黄色葡萄球菌、无乳链球菌、牛疱疹病毒、牛放线菌等。

羊粪中常见的病原微生物有：羊布氏杆菌、炭疽杆菌、破伤风梭菌、沙门氏菌、腐败梭菌、绵羊棒状杆菌、羊链球菌、肠球菌、魏氏梭菌、口蹄疫病毒、羊痘病毒等。

寄生于畜禽消化道或与消化道相连脏器（如肝、胰等）中的寄生虫及其虫卵、幼虫或虫体片段通常与粪一同排出，部分呼吸道寄生虫的虫卵或幼虫也可能出现在干粪中，泌尿生殖器官内的寄生虫卵或幼虫可在鸡粪中出现。

2. 尿的成分

（1）含水量。一般情况下，畜禽尿中的水分占 95%~97%，固体物占 3%~5%。但不同畜禽尿含水量差异很大，猪尿含水量最高，其次是牛尿和马尿，羊尿较少。

（2）有机物。尿中的含氮物质全为非蛋白氮，主要包括：尿素、尿囊酸、尿酸、肌酐、嘌呤和嘧啶碱、氨基酸和氨等。它们是蛋白质和核算在体内代谢产生的终产物或中间产物。

（3）无机物。尿中的无机物主要有钾、钠、钙、镁和氨的各种盐。氨在尿中主要以氯化铵和硫酸铵等形式存在。另外，尿中还有少量的硫，它以硫酸盐及其复合酯的形式存在。

（4）病原微生物。对于健康畜禽，存在于膀胱中的尿是无菌的。但尿在排出过程中极易受到泌尿生殖道内存在的各种微生物如葡萄球菌、链球菌、大肠杆菌、乳酸杆菌等的污染而带菌，所以，新鲜尿中能检测到这些菌的存在，病畜禽尿中还可检测到有关的病原微生物。

寄生于畜禽消化道或与消化道相连脏器中的部分寄生虫卵或幼虫可随尿排出，泌尿生殖器官内的寄生虫卵或幼虫一般随尿排出。

（二）粪便产量的影响因素

畜禽粪便由干粪、尿液以及冲洗水等组成，因此，任何影响干粪、尿液和冲洗水量的因素也会影响粪便的产生量。

1. 干粪量的影响因素

由于干粪由未被消化的饲料残渣、机体代谢产物和微生物等组成，因此，凡是影响动物消化、消化道结构及其机能和饲料性质的因素，都会影响干粪量。

（1）畜禽种类、年龄和个体差异。不同种类的畜禽，由于消化道的结构、功能、长度和容积不同，因而对饲料的消化力不一样。畜禽从幼年到成年，消化器官和机能发育的完善程度不同，对饲料养分的消化率也不一样。同一品种、相同年龄的不同个体，因培育条件、体况、用途等不同，对同一种饲料养分的消化率也有差异。畜禽处于空怀、妊娠、哺乳、疾病等不同的生理状态，对饲料养分的消化率也有影响。

（2）饲料种类及其成分。不同种类和来源的饲料因养分含量及性质不同，可消化性也不同。

（3）饲料的加工调制和饲养水平。饲料加工调制方法对饲料养分消化率均有不同程度的影响。适度磨碎有利于单胃动物对饲料干物质、能量和氮的消化；适宜的加热和膨化可提高饲料中蛋白质等有机物质的消化率。粗饲料用酸碱处理有利于反刍动物对纤维性物质的消化；凡有利于瘤胃发酵和微生物繁殖的因素，皆能提高反刍动物对饲料养分的消化率。

饲养水平过高或过低均不利于饲料的转化。饲养水平过高，超过机体对营养物质的需要，过剩的物质不能被机体吸收利用。相反，饲养水平过低，则不能满足机体需要而影响其生长和发育。

2. 尿量的影响因素

畜禽的排尿量受品种、年龄、生产类型、饲料、使役状况、季节和外界温度等因素的影响，任何因素变化都会使动物的排尿量发生变化。

（1）动物种类。不同种类的动物，营养物质特别是蛋白质代谢产物不同，排尿量存在差异。猪、牛、马等哺乳动物，蛋白质代谢终产物主要是尿素，这些物质停留在体内对动物有一定的毒害作用，需要大量的水分稀释，并使其适时排出体外，因而产生的尿量较多；禽类体内蛋白质代谢终产物主要是尿酸或胺，排泄这类产物需要的水很少，尿量较少。

（2）饲料。就同一个个体而言，动物尿量的多少主要取决于肌体所摄入的水量及由其他途径所排出的水量。在适宜环境条件下，饲料干物质采食量与饮水量高度相关，食入水分十分丰富的牧草时动物可不饮水，尿量较少；食入含粗蛋白水平高的饲粮，动物需水量增加，以利于尿素的生成和排泄，尿量较多。刚出生的哺乳动物以奶为生，奶中高蛋白含量的代谢和排泄使尿量增加。饲料中粗纤维含量增加，因纤维膨胀、酵解及未消化残渣的排泄，使需水量增加，继而尿量增加。

另外，当日粮中蛋白质或盐类含量高时，饮水量加大，同时尿量增多；有的盐类还会引起动物腹泻。

（3）环境因素。高温是造成畜禽需水量增加的主要因素，最终影响排尿量。一般当气温高于 30℃，动物饮水量明显增加，低于 10℃时，需水量明显减少。气温在 10℃以上，采食 1 千克干物质需供给 2.1 千克水；当气温升高到 30℃以上时，采食 1 千克干物质需供给 2.8~5.1 千克水；产蛋母鸡当气温从 10℃以下升高到 30℃以上时，饮水量几乎增加两倍。高温时动物体表或呼吸道蒸发散热增加，尿量也会发生一定的变化。外界温度高、活动量大的情况下，由肺或皮肤排出的水量增多，导致尿量减少。

3. 冲洗水量影响因素

冲洗水量主要取决于畜禽舍的清粪方式。

（1）清粪方式。不同清粪方式的冲洗用水量差别很大。对于猪场，如果采用发酵床养猪生产工艺，生产过程中的冲洗用水量很少、甚至不用水冲洗；但是如果采用水冲清粪工艺，畜禽排泄的粪尿全部依靠水冲洗进行收集，冲洗用水量很大。对于鸡场，采用刮粪板或清粪带清粪，只在鸡出栏后集中清洗消毒，冲洗水量也很少。

（2）降温用水。虽然降温用水与冲洗并无关联，但不少养殖场在夏季通过喷雾或冲洗动物体实现降温，形成的废水也将成为粪便的一部分，这也是一些猪场夏季粪水量显著增加的一个重要原因。

二、清洁回用模式

畜禽养殖粪便的特性及影响因素决定了粪便处理与综合利用的方式。清洁回用模式是以综合利用和提高资源化利用率为出发点，通过在养殖场（小区）高度集成节水的粪便收集方式（采用机械干清粪、高压冲洗等严格控制生产用水，减少用水量）、遮雨防渗的粪便输送贮存方式（场内实行雨污分流、粪水密闭防渗输送）、粪便固液分离、液态粪水深度处理后回用（用于场内粪沟或圈栏冲洗等）和固体干粪资源化利用（堆肥、牛床或发酵床垫料、栽培基质、蘑菇种植、蚯蚓和蝇蛆养殖、碳棒燃料等）等处理利用方式，且符合资源化、减量化、无害化原则的粪便资源化利用模式。

第二节 工艺流程

一、工艺设计要求

清洁回用模式的特征就是干粪和粪水经过处理后被回用。整个工艺流程环节多，工艺复杂，操作要求高，每个环节都要能够稳定运行，才能实现回用目标。在选用具体工艺时，应根据养殖场的养殖种类、养殖规模、粪便收集方式、当地的自然地理环境条件以及排水去向等因素确定工艺路线及处理目标，并应充分考虑畜禽养殖废水的特殊性，在实现综合利用的前提下，优先选择低运行成本的处理工艺，并慎重选用物化处理工艺。

（一）粪便收集

畜禽养殖场宜采用干清粪工艺。畜禽粪便应日产日清。畜禽养殖场应建立排水系统，并实行雨污分流。

（二）粪便贮存

畜禽粪便处理应设置专门的贮存池。贮存池的位置选择应满足 HJ/T 81—2001 第 5.2 条的规定。贮存池的总有效容积应根据贮存期确定。贮存池的结构应符合 GB 50069 的有关规定，具有防渗漏功能，不得污染地下水。对易侵蚀的部位，应按照 GB 50046 的规定采取相应的防腐蚀措施。贮存池应配备防止降雨（水）进入的措施。贮存池宜配置排污泵。

（三）废水处理

清洁回用模式下的粪水处理工艺设计是一个相当复杂的过程，它包括建筑、设备、自动化控制等多个方面的专业技术问题，只有对每一部分进行科学合理的设计，才能保证粪水处理系统整体的正常运行，并且有效地降低处理成本，达到最佳的粪水处理效果（图 1-2-1）。

图 1-2-1　废水处理设施

1. 预处理

畜禽养殖场废水处理前应强化预处理，预处理包括格栅、沉砂池、固液分离系统、水解酸化池等。

（1）格栅。格栅是养殖废水处理设施中最前端的预处理单元。废水进入集水池前应设置格栅，以去除废水中的残余饲料、粪渣及其他杂物等大颗粒物，保护后续处理单元内的水泵、阀门和管道等机械设备少出故障，并确保后道处理单元的稳定运行。当粪水量较大时，宜采用机械格栅以降低操作人员的劳动负荷，栅渣应及时运至粪便堆肥场或其他无害化场所进行处理。格栅的技术要求按 GB 50014—2006 的有关规定执行。

（2）沉砂池。处理养鸡场或奶牛场废水时应强化沉砂池设置；其他养殖废水处理可使设置的集水池具有一定的沉砂功能，不单独设置沉砂池。沉砂池的设计参照 CJJ 64—1995 第 3.3 条的有关规定。

（3）集水池。厌氧处理系统前应设置集水池。集水池的容量不宜小于最大日排放量的 50%。集水池的设置应方便去除浮渣和沉渣。处理食草类动物粪便时，应增加集水池容积，使其具有化粪的功能。

（4）固液分离。固液分离设备可选用筛分式洗涤脱水机、螺旋挤压分离机等，应根据处理水量、水质、场地、经济情况等条件综合考虑选用，并考虑废渣的贮存、运输等情况。当采用螺旋挤压分离机时，宜在排污收集后 3 小时内进行粪水的固液分离。

（5）水解酸化池。进水经固液分离后、进厌氧处理系统前，根据工艺要求宜设置水解酸化池。水解酸化池容积应根据工艺要求确定。进水经固液分离的，水力停留时间（HRT）宜为 12~24 小时。

2. 厌氧生物处理

厌氧生物处理单元通常由厌氧反应器、沼气收集与处置系统（净化系统、贮气罐、输配气管和使用系统等）、沼液和沼渣处置系统组成（图 1-2-2）。

图 1-2-2 沼气设施

（1）厌氧反应器设计整体要求。厌氧反应器的类型和设计应根据粪便种类和工艺路线确定。具体要求如下。

厌氧反应器容积宜根据水力停留时间确定，具体要求参考 HJ 497—2009 标准。

当温度条件不能满足工艺要求时，厌氧反应器需设置加热保温措施。

厌氧反应器、沼气净化利用系统的防火设计应符合 GBJ 16 中的有关规定。

厌氧反应器应设有防止超正、负压的安全装置及措施，安全装置的安全范围应满足工艺设计的压力及池体安全的要求。

厌氧反应器应达到水密性与气密性的要求，应采用不透气、不透水的材料建造，内壁及管路应进行防腐。

厌氧反应器应设有取样口、测温点。

应根据工艺需要配置适用的测定气量、气压、温度、pH 值、粪水量等的计量设备和仪表。

厌氧反应器应设有检修孔、排泥管等。

（2）进水不经固液分离，粪尿全进的厌氧生物处理。厌氧反应器宜选用全混合厌氧反应器（CSTR）、升流式固体反应器（USR）和推流式反应器（PFR）。宜采用中温（35℃左右）或近中温消化，有其他热源利用的可采用高温（55℃左右）消化。中温条件下，当总固体含量 w（TS）< 3% 时，厌氧反应器的水力停留时间（HRT）不宜小于 5 天；总固体含量 w（TS）≥ 3% 时，不宜小于 8 天。宜采用一级厌氧消化，根据不同工艺，也可选用二级厌氧消化。

不同厌氧反应器的设计宜满足下列要求。

① 全混合厌氧反应器（CSTR）：平面形状宜采用圆形；应设置搅拌系统；搅拌可采用连续方式，也可采用间歇方式；

② 升流式固体反应器（USR）：宜采用立式圆柱形，有效高度 6~12 米；应选用合理的布水方式，以保证液体均匀上升，避免短路、勾流；

③ 推流式厌氧反应器（PFR）宜采用半地下或地上建筑。

（3）进水经固液分离的厌氧生物处理。厌氧反应器宜采用升流式厌氧污泥床（UASB），也可采用复合厌氧反应器（UBF）、厌氧过滤器（AF）、折流式厌氧反应器（ABR）等。宜采用常温发酵，但温度不宜低于 20℃。厌氧反应器的水力停留时间（HRT）不宜小于 5 天。

采用升流式厌氧污泥床（UASB）时，设计应符合下列规定。

① 应根据经济性和场地情况考虑确定反应器的平面形状，宜采用圆形或矩形池；

② 应综合考虑运行、经济等情况确定反应器的高度，不宜超过 10 米，反应器有效高度（深度）宜为 7~9 米；

③ 宜设 2 个以上厌氧罐体，单体体积不宜超过 2 000 立方米；当处理量较大时，宜采用多个单体反应器并联运行；

④ 进水系统的设计应确保布水均匀，避免出现短路等现象；

⑤ 三相分离器的设计应确保水、气、泥三相有效分离，出水含泥量少。

3. 沼气净化、贮存及利用

厌氧处理产生的沼气需完全利用，不得直接向环境排放。经净化处理后通过输配气系统可用于居民生活用气、锅炉燃烧、沼气发电等。沼气的净化、贮存按照 NY/T 1222—2006 第 8.5 条、第 8.6 条的有关规定执行。

4. 沼渣、沼液处置与利用

沼渣应及时运至粪便堆肥场或其他无害化场所，进行妥善处理。沼液可作为农田、大棚蔬菜田、苗木基地、茶园等的有机肥，宜放置 2~3 天后再利用。

5. 好氧生物处理

好氧反应单元前宜设置配水池，使厌氧出水与水解酸化池的一部分粪水进行混合调配，确保好氧工艺进水的生化需氧量与化学需氧量的比值 ω（BOD_5/COD）≥ 0.3。宜采用具有脱氮功能的好氧处理工艺，如具有脱氮功能的序批式活性污泥法（SBR）、氧化沟法、缺氧 / 好氧（A/O）等生物处理工艺。除氨氮时，完全硝化要求进水的总碱度（以

$CaCO_3$计）/ 氨氮的比值宜≥ 7.14；脱总氮时，进水的碳氮比（BOD_5/TN）宜＞ 4，总碱度（以$CaCO_3$计）/ 氨氮的比值宜≥ 3.6。好氧池的污泥负荷（BOD_5/MLVSS）宜为0.05~0.1 千克 /（千克 · 天），混合液挥发性悬浮固体浓度（MLVSS）宜为 2.0~4.0 克 / 升，其他有关设计、配套设施和设备参考 GB 50014—2006 及相应的工艺类工程技术规范的规定（图 1-2-3）。

图 1-2-3 好氧生物处理

6. 自然处理

根据可供利用的土地资源面积和适宜的场地条件，在通过环境影响评价和技术经济比较后，可选用适宜的自然处理工艺。自然处理工艺宜作为厌氧、好氧两级生物处理后出水的后续处理单元。宜采用的自然处理工艺有人工湿地、土地处理和稳定塘技术。

（1）人工湿地。适用于有地表径流和废弃土地，常年气温适宜的地区（图 1-2-4）。

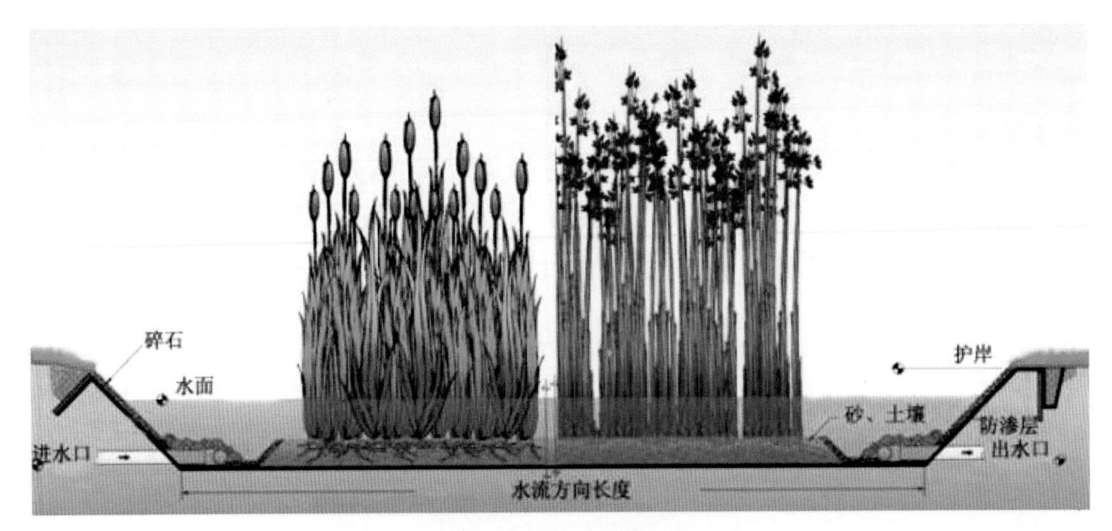

图 1-2-4 人工湿地

应优化湿地结构设计，慎重选用潜流式或垂直流人工湿地，选用时进水 SS 宜控制为小于 500 毫克 / 升。人工湿地系统应根据粪水性质及当地气候、地理实际状况，选择适宜的水生植物。表面流湿地水力负荷宜为 2.4~5.8 厘米 / 天；潜流湿地水力负荷宜为 3.3~8.2 厘米 / 天；垂直流人工湿地水力负荷宜为 3.4~6.7 厘米 / 天。设置填料时，可适当提高水力负荷。冬季保温措施可采用覆盖秸秆、芦苇等植物。

（2）土地处理。采用土地处理应采取有效措施，防止污染地下水。

土地处理的水力负荷应根据试验资料确定。无试验资料时，可按下列范围取值：慢速渗滤系统水力负荷 0.5~5.0 米 / 年，地下水最浅深度不宜小于 1.5 米；快速渗滤系统水力负荷 5~120 米 / 年，淹水期与干化期比值应小于 1；地表漫流系统年水力负荷 3~20 米 / 年。土地处理设计时，应根据应用场地的土质条件进行土壤颗粒组成、土壤有机质含量调整。

（3）稳定塘。适用于有湖、塘、洼地可供利用且气候适宜、日照良好的地区。蒸发量大于降水量地区使用时，应有活水来源，确保运行效果。

稳定塘宜采用常规处理塘，如兼性塘、好氧塘、水生植物塘等。

塘址的土地渗透系数（K）大于 0.2 米 / 天时，应采取防渗处理。

稳定塘系统设计可参考 CJJ/T 54 的有关规定执行。

7. 膜生物反应器（MBR）

MBR 是利用膜材料的透过性能及其附着的微生物对厌氧处理出水中的颗粒、胶体、分子或离子的分离和降解，实现粪水净化，是目前处理出水等级最高的粪水处理方法。根据膜组件和生物反应器的物理位置不同，可将 MBR 的工艺类型分为浸没式膜生物反应器（SMBR）、分置式生物反应器（RMBR）和复合式膜生物反应器（HMBR）。MBR 工艺运行过程中的影响因素需同时考虑活性污泥和膜组件的影响因素，主要包括化学需

氧量 / 总氮（碳氮比）、水力停留时间（HRT）、混合液悬浮固体浓度（MLSS）和膜污染等。

8. 消毒

畜禽养殖废水经处理后向水体排放或回用的，应进行消毒处理。宜采用紫外线、臭氧、双氧水等非氯化的消毒处理措施，并不得产生二次污染。

（四）固体干粪处理

畜禽固体干粪宜采用好氧堆肥技术进行无害化处理。未采用干清粪的养殖场，堆肥前应先将粪水进行固液分离，分离出的粪渣进入堆肥场，液体进入废水处理系统（图 1-2-5）。

图 1-2-5 堆肥

堆肥场地的设计应满足下列要求。

堆肥场地一般应由粪便贮存池、堆肥场地以及成品堆肥存放场地等组成。

采用间歇式堆肥处理时，粪便贮存池的有效体积应按至少能容纳 6 个月粪便产生量计算。

场内应建立收集堆肥渗滤液的贮存池。

应考虑防渗漏措施，不得对地下水造成污染。

应配置防雨淋设施和雨水排水系统。

二、总体工艺流程

清洁回用模式是在严格控制养殖过程用水量前提下，采用节水清粪等方式收集粪便。场内的粪水实行管网输送、雨污分流，经固液分离后，进行厌氧和好氧等过程的深度处理，消毒后回用于场内粪沟或圈栏等冲洗。固体干粪通过堆肥、生产栽培基质、牛床垫料、碳棒燃料、种植蘑菇和养殖蚯蚓蝇蛆等方式处理利用（图 1-2-6）。

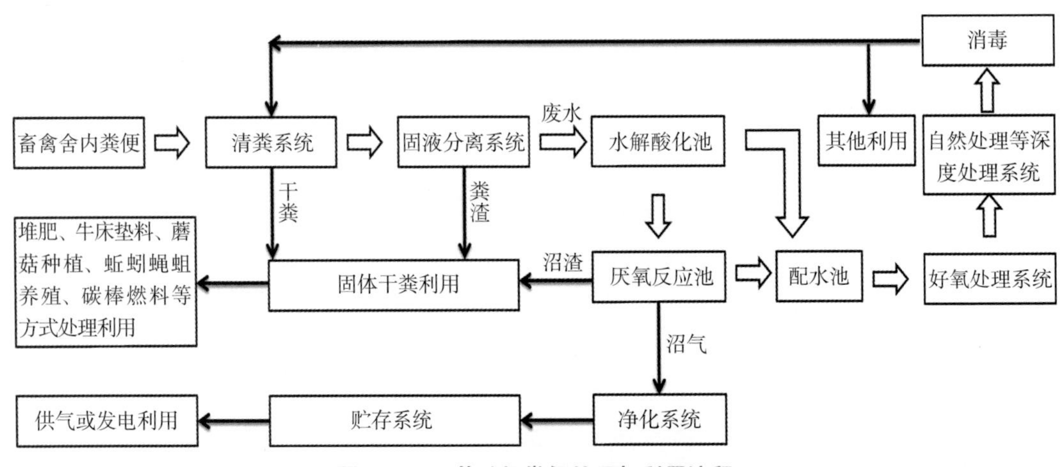

图 1-2-6　养殖场粪便处理与利用流程

三、猪场工艺流程

猪舍采用节水清粪等方式收集粪便。场内的粪水经固液分离后，进行厌氧生物处理和膜生物反应器处理等深度处理，达标后用于场内粪沟或圈栏等冲洗。固体干粪进行资源化利用，例如，生产有机肥、生产栽培基质等（图 1-2-7）。

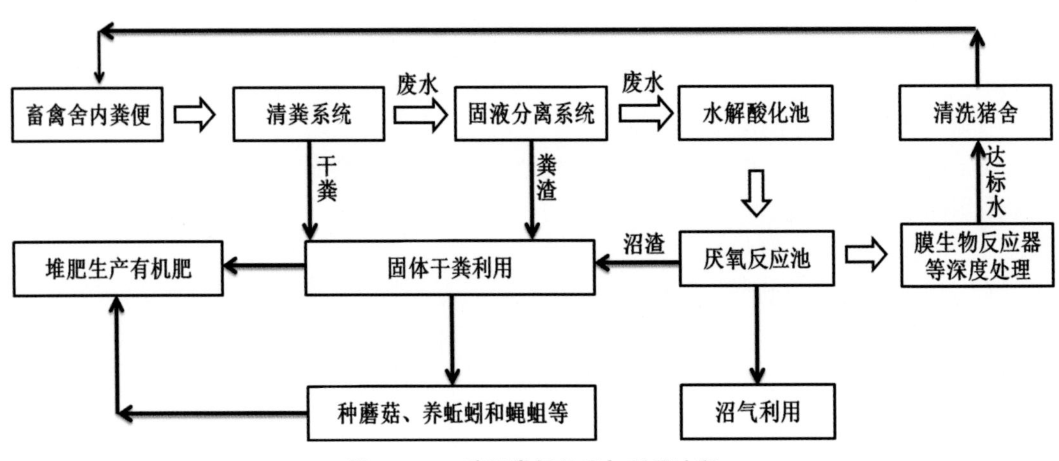

图 1-2-7　猪场粪便处理与利用流程

四、牛场工艺流程

牛舍的粪便和牛卧床垫料经刮粪板收集后进入集粪沟，然后经水冲进入集粪池，池内安装有切割泵和搅拌机，可对所有的粪便持续进行混合、搅拌，混合均匀后的液体粪便再由潜水切割泵提升到固液分离机，分离后的固体干粪含水量低，运输方便，晾晒后可以直接做牛床垫料，经过堆肥处理后作为农田的有机肥料，或用于蘑菇种植、蚯蚓和蝇蛆养殖等。液体部分排放至粪水池，粪水池内的液体可经过冲洗泵回冲粪沟或圈舍，多余的液体可以用来做沼气或经进一步深度处理后达标排放（图 1-2-8）。

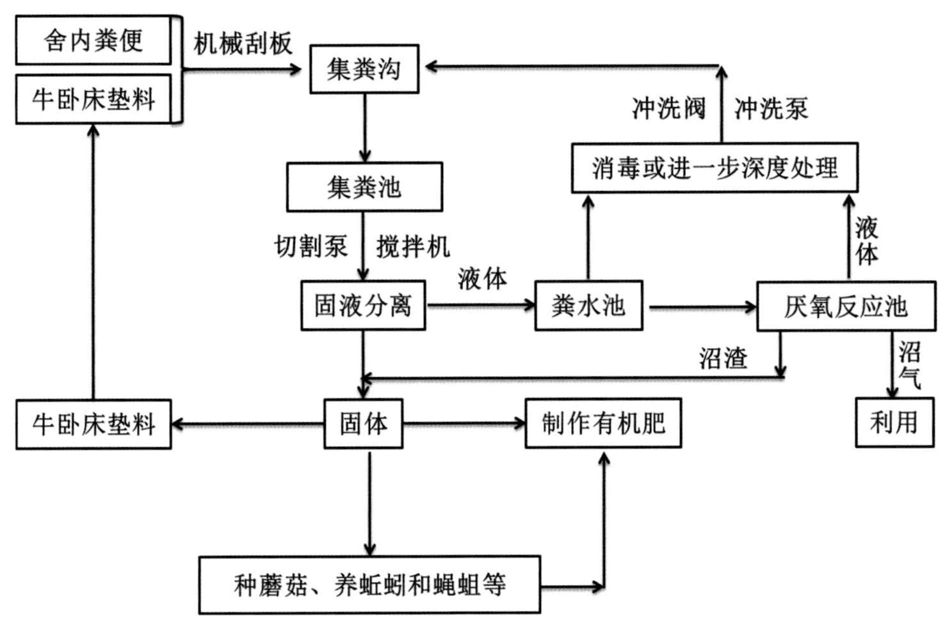

图 1-2-8 奶牛场粪便处理与利用流程

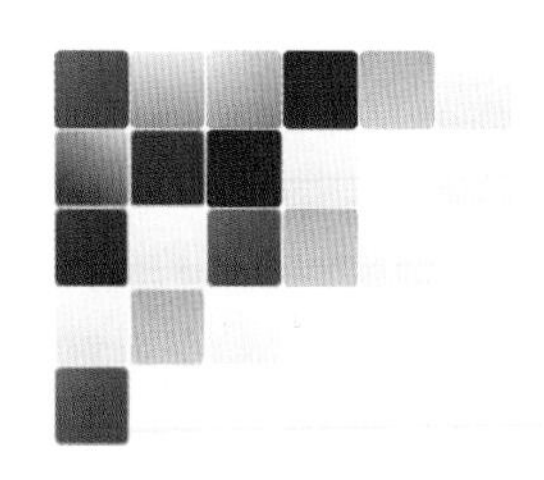

第二章　技术单元

第一节　收集方式

清洁回用模式在粪便收集环节实施减量化原则。畜舍产生的粪便通过清污分流、粪尿分离、干湿分离、发酵床养殖和网床漏缝集粪等形式粗分为干粪和粪水。干粪和粪水分别通过粪便收集系统和粪水收集系统收集后进行贮存利用。粪便收集方式必须与粪便后期的贮存、处理和利用工艺相匹配，保障粪便收集、处理和利用的科学性和可行性，降低成本。

一、干粪收集方式

适合清洁回用模式的粪便收集方式主要有干清粪、牵引刮板清粪、移动车辆清粪和水冲清粪等。

（一）干清粪方式

干清粪工艺的主要方法是，粪便一经产生就将粪和尿等废水分离，并分别清除。干粪由机械或人工收集、清理至贮存场；尿及冲洗用水则从排污道流入粪水贮存池。

干清粪方式可以降低粪水中污染物浓度，最大限度保存固体干粪肥效，减轻粪便后端处理和利用的压力。

（二）人工清粪

人工利用铁锹、铲板、扫帚和推车等工具将粪便从舍内清运到集粪池存放待用。

人工清粪的优点是投资低、简单灵活、易操作，缺点是工人劳动强度大、工作环境差、清粪效率低，适用于小规模畜禽养殖场。

（三）牵引刮板清粪方式

牵引刮板机械一般包括主机、滑动支架和粪便刮板 3 部分。由专业机械厂按照猪、牛、鸡、羊等不同畜种养殖栏舍尺寸大小设计安装。栏舍一端的外面需要配套集粪池等设施，集粪池容积大小要根据每天刮出的粪便量及停留时间长短来确定。这种方式操作简单、使用方便、安全可靠、清粪频率可调、运行噪音低、对畜禽影响低，极大地减少了劳动强度，但设备初期投资相对较大，需要后期维护，适用于非发酵床养殖的畜禽养殖场（图 2-1-1）。

图 2-1-1　牵引刮板清粪方式

（四）移动车辆清粪方式

清粪移动车分铲粪车和吸粪车两种机械。定期或不定期用铲粪车或吸粪车将栏舍粪便铲（吸）运送到贮粪点存放待用。

这种方式劳动强度小、操作灵活方便、提高工作效率，但对栏舍设计要求较高，需要设计机车铲粪专用通道，栏舍建设投资及机车购置维护费用较大，操作过程噪音大对畜禽易产生应激影响。一般只适用于大型规模养牛场使用（图 2-1-2）。

（五）水冲清粪方式

水冲清粪方式是用水将舍内粪便冲到排污沟，再由排污沟将粪便输送至贮存池，进行固液分离，固体干粪进行堆肥或牛床垫料等利用，液体粪水进行沼气或多级净化等深度无害化处理后，回用冲洗圈舍。

水冲清粪方式需要的人力少、清粪效率高、能保证舍内的清洁卫生，但产生粪水量大、北方冬季易出现粪水冰冻情况，主要适用于大型规模牛场使用（图 2-1-3）。

二、粪水收集方式

畜禽采用传统的养殖方式会产生大量的粪水，必须在养殖源头上尽量减少粪水的产生量。

图 2-1-2　移动车辆清粪方式

图 2-1-3　水冲清粪方式

（一）源头控制

1. 进行“雨污分离”

一是排污管道或沟渠采用封闭建设，不让栏舍周围的雨水及外来水源进入排污道；二是沼气厌氧池前的预沉池等粪水处理池要搭建遮雨棚，减少雨水进入。

2. 采用“干清粪”

这样极大减少冲洗栏舍的次数，减少粪水量。

3. 采用节水及分流装置

一是采用节水装置减少水的浪费；二是采用饮水分流装置确保饮水时滴漏的水外排而不进入粪便或粪水中。

图 2-1-4 是猪的饮水分流装置。在每个栏舍墙上预留两个直径 25 厘米的孔，从孔中心圆点至猪床高度分别为 25 厘米和 45 厘米，然后分别用直径 25 厘米的 PVC 弯头套入墙孔内，猪的饮水乳头装在弯头口内，墙外的弯头口向下再用直径 5 厘米的 PVC 水管连接各装置承接猪饮水时滴漏的水外排至大自然，而不进入粪便或粪水中，从而减少粪水的产生量。

图 2-1-4 猪的饮水分流装置

图 2-1-5 是牛的饮水分流装置。将牛的碗式饮水装置安装在栏舍喂料槽的对侧，使牛饮水过程滴漏的水外排，而不进入垫料或粪水道内。

（二）粪水的收集

1. 采用全封闭输送管道

从栏舍排污口至粪水贮存池之间全程安装封闭式管道或建设封闭式沟渠，让栏舍内排出的粪水自然通过封闭式管道或沟渠直接进入贮存池。

图 2-1-5　牛的饮水分流装置

2. 配备足够的集污设施

粪水的收集一定要根据养殖场产生的粪水量匹配足够的集污设施容积，以满足粪水充分得到好氧厌氧降解。贮存池要搭建遮雨棚，且要做到防渗漏、防溢流。贮存池容积大小要根据养殖场每天产生的粪水量及存放时间长短来确定。按照国家对养殖场节能减排核查核算有关参数要求，包括预沉池（要搭建遮雨棚）让粪水停留时间应不少于 12 小时，进入沼气（厌氧）池停留时间应不少于 10 天，再经曝气池曝气，最终到达贮液池停留时间应不少于 60 天。

三、网床漏缝集粪

（一）猪

1. 高架全网床漏缝集粪式

栏舍总高度≥ 6.0 米，其中，下层高 2.0~2.5 米。宽度 8.5~10.5 米，其中，中央通道 1.2 米。长度 25~50 米。上下层之间采用 θ12 毫米螺纹碳钢制成全网状漏缝，漏缝间隙尺寸小猪 10 毫米，育成猪 12 毫米。同时，在猪日粮饲料中添加专用益生菌。猪养在网床上，粪尿通过漏缝间隙掉到下层。粪尿中仍然存留有大量微生物菌继续分解有机物质，每 3~5 天按粪量的 3% 撒入锯末、谷壳或碎秸秆补充碳源，每 7~15 天向粪堆喷撒 2%~3% 的专用微生物制剂，这样的粪便无异臭味，含水率 50%~60%，出栏一批猪后，将粪便直接包装卖给种植户或有机肥加工厂。

2. 高架网床下离体发酵垫料集粪式

栏舍总高度≥ 3.5 米，其中，下层高 0.8~1.0 米。宽度≥ 5~10.5 米，其中，中央通道 1.2 米。长度 25~50 米。上下层之间采用专业网床漏缝地板。下层用锯木屑或碎秸秆与微生物菌混合制成等同于网床长宽度、厚度为 40~50 厘米的发酵垫料。猪养在网床上，粪便通过网床漏缝掉到发酵垫料上，同时安装自动翻耙机定期翻耙发酵床，每 15~30 天向粪堆喷撒 2%~3% 的专用微生物制剂，这样的粪便无异臭味，含水率 50% 左右，每半年至一年更换发酵垫料，可将更换出来的发酵垫料直接包装卖给种植户或有机肥加工厂。

3. 地面网床集粪式

栏舍总高度≥ 3.0 米，地平面网床下建深≥ 0.8 米，宽等同于地面网床（全网床、半网床或 1/3 网床），长等同于整栋栏舍的贮粪槽（槽底可以是平面型或 V 字型），并安装牵引刮板清粪机。同时，在猪日粮饲料中添加专用益生菌。猪养在地平面上，经过调教的猪在网床处拉出的粪尿通过漏缝间隙掉到贮粪槽中。粪尿中仍然存留有大量益生菌继续分解有机物质，这样的粪便无异臭味，含水率 50%~60%。定期将粪便刮出栏舍一端的集粪池直接包装卖给种植户或有机肥厂。

以上 3 种方式都必须采用饮水分流装置，确保猪饮水时滴漏的水外排而不进入粪便或垫料中。

（二）牛

1. 发酵垫料养殖集粪式

栏舍建设采用对头双列式，栏舍总高度 4.5 米。总跨度 24 米，其中，中间饲料通道 4 米、两侧栏舍宽各 10 米、长 12 米，每格栏 120 平方米，养殖育成牛约 12 平方米 / 头。栏舍屋顶天面两侧各用彩钢瓦盖 4 米再向两侧加盖采光瓦各 6 米。地面的滴水两侧各建一条雨水渠道。用锯木屑等添加专用微生物搅拌后铺于格栏地面 5~10 厘米厚作垫料，每隔 3~4 个月更换垫料一次。如果是养殖泌乳牛则垫料栏舍面积约 15 平方米 / 头，发酵垫料厚度 50 厘米左右，连用 3 年，期间视粪便情况适当补充新的益生菌垫料，或将原垫料清理一部分出来再补充新的益生菌垫料，保持垫料湿度在 45%~55%，每 2~3 天用机械对垫料做 25 厘米左右深翻抛，粪便集中较多的地方还要辅助人工翻抛。同时，制作甘蔗尾梢、玉米秸秆等青贮饲料过程中添加专用微生物。牛的粪尿直接排到垫料中，无异臭味。可将清理更换出来的发酵垫料直接包装卖给种植户或有机肥厂。

2. 高架网床养殖集粪式

栏舍总高度 4.5~5 米，其中，底层高度 1.8~2 米。牛养殖在上层，1.6~1.8 米宽的牛床是水泥地板、牛床边缘至外墙 1.1 米是螺纹钢网床。牛的饲料如菠萝皮、芒果皮、木瓜、西番莲、木薯渣、米糠、秸秆等添加专用益生菌发酵。牛的粪尿通过网床漏到底层，每 3~5 天按粪量的 3% 撒入锯末、谷壳或碎秸秆补充碳源，每 7~15 天向粪堆喷撒 2%~3% 专用微生物制剂，这样的粪便无异臭味，可每 3~4 个月清理包装卖给种植户或有机肥厂。

第二节 贮存方式

贮存设施是畜禽干粪和粪水处理及清洁回用过程必不可少的基础设施。畜禽干粪和粪水在处理和利用前必须存放在一定的设施内。《中华人民共和国环境保护法》和《畜禽规模养殖污染防治条例》要求畜禽养殖场、养殖小区应根据养殖规模和污染防治的需要，建设相应的畜禽粪便、粪水的贮存设施。粪便贮存方式需与收集方式和处理利用方式匹配。

一、干粪贮存

（一）选址

应根据养殖场面积、规模以及远期规划选择畜禽干粪贮存设施的建造地址，并做好以后扩建的计划安排，贮存设施的选址应远离各类功能地表水体，设在养殖场生产及生活管理区常年主导风向的下风向或侧风向处，距离各类功能地表水源不得小于400米，同时应满足畜禽场总体布置及工艺要求，布置紧凑，方便施工和维护，与畜禽场生产区之间保持100米以上的距离，以满足防疫要求。同时，不能建在坡度较低、水灾较多的地方，以免在雨量较大或洪水暴发时，池内粪水溢出而污染环境。

（二）容积计算

固体干粪贮存设施的有效容积为贮存期内粪便的产生总量，其容积大小（S，立方米）按式（1）计算：

$$S=\frac{N\cdot M_w\cdot D}{M_d} \tag{1}$$

式中：

N——存栏动物的数量，头；

M_w——该养殖场每头动物每天产生的粪便量，单位为千克每日（kg/d·头），如果不知道数据，可以根据表2-1进行计算。

D——贮存时间，单位为日（d），具体贮存天数根据粪便后续处理工艺确定，即应根据畜禽粪便贮存后采取的处理利用的具体工艺（堆肥、栽培基质、牛床垫料、种植蘑菇、养殖蚯蚓蝇蛆、碳棒燃料等）处理周期确定畜禽粪便需要贮存的天数；

M_d——粪便密度，单位为千克每立方米（kg/m³），一般可取970~1 000千克/立方米。

表2-1　每头动物每日产生粪便量

地区	动物种类	饲养阶段	粪便量（千克）	地区	动物种类	饲养阶段	粪便量（千克）
华北	生猪	保育	1.04	华东	生猪	保育	0.54
		育肥	1.81			育肥	1.12
		妊娠	2.04			妊娠	1.58
	奶牛	育成	15.83		奶牛	育成	5.09
		产奶	32.86			产奶	31.60
	肉牛	育肥	15.01		肉牛	育肥	4.80
	蛋鸡	育雏育成	0.08		蛋鸡	育雏育成	0.07
		产蛋	0.17			产蛋	0.15
	肉鸡	商品肉鸡	0.12		肉鸡	商品肉鸡	0.22

续表

地区	动物种类	饲养阶段	粪便量（千克）	地区	动物种类	饲养阶段	粪便量（千克）
东北	生猪	保育	0.58	中南	生猪	保育	0.61
		育肥	1.44			育肥	1.18
		妊娠	2.11			妊娠	1.68
	奶牛	育成	15.67		奶牛	育成	16.61
		产奶	33.47			产奶	33.01
	肉牛	育肥	13.89		肉牛	育肥	13.87
	蛋鸡	育雏育成	0.06		蛋鸡	育雏育成	0.12
		产蛋	0.10			产蛋	0.12
	肉鸡	商品肉鸡	0.18		肉鸡	商品肉鸡	0.06
西南	生猪	保育	0.47	西北	生猪	保育	0.77
		育肥	1.34			育肥	1.56
		妊娠	1.41			妊娠	1.47
	奶牛	育成	15.09		奶牛	育成	10.5
		产奶	31.6			产奶	19.26
	肉牛	育肥	12.1		肉牛	育肥	12.1
	蛋鸡	育雏育成	0.12		蛋鸡	育雏育成	0.06
		产蛋	0.12			产蛋	0.1
	肉鸡	商品肉鸡	0.06		肉鸡	商品肉鸡	0.12

数据来源：2009年《第一次全国污染源普查畜禽养殖业产排污系数与排污系数手册》

（三）结构和形式

1. 贮存池类型

宜采用地上带有雨棚的“Π”型槽式堆粪池。

2. 地面要求

（1）地面为混凝土结构。

（2）地面向“Π”型槽的开口方向倾斜。坡度为1%，坡底设排渗滤液收集沟，渗滤液排入粪水贮存设施。

（3）地面应能满足承受粪便运输车以及所存放粪便荷载的要求。地面应进行防水处理，地面做法如下（现拌砂浆混凝土防水地面）。

① 素土夯实，压实系数0.90；

② 60毫米C15混凝土垫层；

③ 素水泥浆1道（内掺建筑胶）；

④ 20毫米1∶3水泥砂浆找平层，四周及管根部位抹小八字角；

⑤ 0.7毫米聚乙烯丙纶防水卷材，用1.3毫米胶粘剂粘贴或1.5毫米聚合物水泥基防水涂料；

⑥ C20 混凝土面层从门口处向地漏找 1% 泛水，最薄处不小于 30 毫米，随打随抹平。

（4）地面防渗性能要达到 GB 50069 中抗渗等级 S6 的要求。

（5）地面应高出周围地面至少 30 厘米。

3. 墙体

墙高不宜超 1.5 米，采用砖混或混凝土结构、水泥抹面；墙体厚度不少于 240 毫米，墙体要防渗，防渗性能要达到 GB 50069 中抗渗等级 S6 的要求。

4. 顶部要求

顶部设置雨棚，雨棚可采用钢瓦等抗风防压材料，下玄与设施地面净高不低于 3.5 米，方便运输车辆进入（图 2-2-1）。

图 2-2-1　畜禽干粪贮存设施

（四）其他

固体干粪贮存设施应设置雨水集排水系统，以收集、排出可能流向贮存设施的雨水、上游雨水以及未与废物接触的雨水，雨水集排水系统排出的雨水不得与渗滤液混排。

应采取措施对粪便存放过程中排放臭气进行处理，防止空气污染，畜禽粪便贮存过程中恶臭及污染物排放应符合《畜禽养殖业污染物排放标准》。

贮存设施周围应设置绿化隔离带，并应设置明显的标志以及围栏等防护设施。

宜设专门通道直接与外界相通，避免粪便运输经过生活及生产区。

应定期对贮存设施进行安全检查，发现问题及时解决，防止突发事件的发生。同时由于贮存过程可能会排放可燃气体，因此应制定必要的防火措施。

二、粪水贮存

（一）选址

养殖粪水贮存设施应根据远期规划合理选择建造地址，同时应远离各类功能地表水体，并设在养殖场生产及生活管理区常年主导风向的下风向或侧风向处，距离各类功能地表水源不得小于 400 米，同时应充分考虑养殖场整体布局，根据粪水所采用的处理工艺以及后续的粪水回用的方式，布置紧凑，尽量减少粪水运输环节。利用当地的地形条件，方便施工和维护，减少占地面积，与畜禽场生产区相隔离，满足防疫要求。

（二）容积计算

畜禽养殖粪水贮存设施容积 V（m^3）按式（2）计算：

$$V=L_w+R_O+P \quad (2)$$

式中：

L_w——粪水体积，单位为立方米（m^3），粪水体积（L_w）按式（3）计算：

$$L_w=N \cdot Q \cdot D/1000 \quad (3)$$

式中：

N——存栏动物的数量，头；

Q——每头动物每天的排水量，单位为 [升 /（头・天）]，如果不知道排水量，则按照表 2-2 选择数据；

D——粪水贮存时间，单位为日（d），其值依据后续粪水处理工艺的要求确定；

R_0——降雨体积，单位为立方米（m^3），以 25 年一遇的 24 小时最大降雨量来计算；

P——预留体积，单位为立方米（m^3），按照预留 0.9 米高的计算预留空间的体积降雨的体积。

表 2-2　畜禽场最高允许排水量

种类	猪 [升 /（头・天）]		牛 [升 /（头・天）]		鸡 [升 /（头・天）]	
季节	冬季	夏季	冬季	夏季	冬季	夏季
最高排放量	12	18	170	20	0.5	0.7

数据来源：畜禽养殖业污染物排放标准（GB 18596—2001）

（三）结构和形式

粪水贮存设施有地下式和地上式两种。土质条件好、地下水位低的场地宜建造地下式的贮存设施；地下水位较高的场地宜建造地上式贮存设施，根据场地大小、位置和土质条件，可选择方形、长方形等建造形式。

1. 一般规定

贮存设施的用料应就地取材；利用旧河道池塘洼地等修建，当水力条件不利时宜在粪水贮存池设置导流墙对四壁采取防护措施（图 2-2-2）。

2. 四周壁面和堤坝

贮存设施的高度或深度不超过 6 米；四周壁面采用不易透水的材料，建筑土坝应用不易透水材料作心墙或斜墙，土坝的顶宽不宜小于 2 米，石堤和混凝土堤顶宽不应小于 0.8 米，当堤顶允许机动车行驶时其宽度不应小于 3.5 米；坝的外坡设计应按土质及工程规模确定，土坝外坡坡度宜 4 ： 1~2 ： 1，内坡坡度宜为 3 ： 1~2 ： 1；在贮存设施内侧适当位置（粪水进水口、出水口）设置平台、阶梯；壁面的防渗级别应满足 GB 50069 中抗渗等级 S6 的要求（图 2-2-3）。

图 2-2-2　养殖粪水贮存设施

3. 底面

贮存设施底部应高于地下水位 0.6 米以上；底面应平整并略具坡度倾向出口，当塘底原土渗透系数 K 值大于 0.2 米 / 天时应采取防渗措施，防渗级别应满足 GB 50069 中抗渗等级 S6 的要求（图 2-2-4）。

4. 高密度聚乙烯膜（HDPE 膜）粪水贮存池

近年，采用高密度聚乙烯膜（HDPE 膜）铺设在粪水贮存池底部和四壁的形式也较为常见（图 2-2-5）。在工程应用方面，防渗膜施工简便，只要将池子挖好并做相应整平处

图 2-2-3　粪水贮存池四周壁面和堤坝

理，不需要打混凝土垫层，因此施工速度更快；另外，HDPE 膜防渗系数高，抗拉伸机械性强、使用寿命长等，采用 HDPE 膜来铺设在粪水贮存池底面和四壁，相比较混凝土结构，该法成本低，适合在黏性土质、地下水位较低的地区建设。

图 2-2-4　粪水贮存池防渗处理

图 2-2-5　高密度聚乙烯膜铺设粪水贮存池

采用HDPE膜建造粪水贮存设施的施工顺序为：粪水池基面修整→基面验收→防渗膜（HDPE膜）铺设→防渗膜（HDPE膜）接缝焊接→与周边联接锚固→防护层铺设→验收，其中铺设HDPE防渗膜是整个防渗系统中一道关键的工序，铺设前要开包检查HDPE膜，检查膜是否有损伤、孔洞和折损等缺陷。在铺设边坡时，要将进水管、出水管等预埋件预埋，边坡铺设好后，再铺设底部，膜与膜之间接缝的搭接宽度不小于100毫米，接缝排列方向平行于最大跛脚线，HDPE膜焊接缝宽度范围内有两道焊缝，每道焊缝宽度不小于10毫米，焊缝处HDPE防渗膜熔接为一个整体，不允许出现虚焊、漏焊或过焊。

（四）其他

地下式粪水贮存设施周围应设置导流渠，防止雨水径流进入贮存设施内，进水管道直径最小为30厘米，进水口和出水口设计应尽量避免在设施内产生短流、沟流、返混和死区，同时进口至出口方向应避开当地常年流行风向，宜与主导风向垂直；地上粪水贮存设施应设有自动溢流管道；粪水贮存设施周围应设置明显的标志或者高0.8米的防护栏；在贮存设施周围设置环境净化带缓冲区，种植环保型植被。

第三节　固液分离

一、固液分离的作用

养殖场内刚收集起来的粪便含水量高，存储不方便，存放或堆积不当会对周围环境产生污染，阻碍后期资源化利用。因此，固液分离技术成为畜禽粪便处理过程中的重要前期步骤。固液分离技术采用机械或非机械的方法，将粪便中的固体和液体部分分开，然后分别对分离物质加以利用。机械的方法是采用固液分离机，非机械的方法是采用格栅、沉淀池等设施。目前，出于环境与经济的双重考虑，倾向于采用固液分离机技术对粪便进行处理。规模化养殖场粪便处理中，固液分离是粪便处理工艺的关键环节，针对粪便特点选择使用合适的固液分离工艺和固液分离机至关重要（图2-3-1）。

（一）有利于堆肥发酵制作有机肥

一般非垫料畜禽动物排泄物含水量均在80%以上，难以直接应用先进的发酵工艺对养殖粪便进行综合利用。如直接堆肥，需要用调理剂将它含水量调节至65%左右。但由于国内调理剂资源有限或因价格太高，许多堆肥场难以承受。因此，直接将粪便用于有机肥生产的前提条件就是对粪便进行前处理——固液分离。

图 2-3-1　固液分离

（二）有利于粪便排放量最小化和便于收集

粪便经固液分离后，干物质可制成有机复合肥，废水可收集利用降低粪便贮存量，方便后续资源化利用。

（三）有利于改善养殖场环境

粪便经固液分离后，减少了臭气和水污染，防止致病微生物的扩散，减少疾病的发生和传播。

（四）有利于减少粪水处理设备投资和运行管理费用

经固液分离后，粪水中 COD 下降 40% 左右，为高效的厌氧工艺创造条件，若 COD（或 SS）过高，则可能堵塞高效过滤器，不能发挥高效工艺作用。分离出的液体，其 TS，COD 大大下降，可减轻后期处理的负荷，缩小厌氧处理装置的容积和占地面积，降低造价。同时厌氧消化后出水的 COD 浓度下降，厌氧污泥生成量大为减少，这便于后期好氧处理，达到排放标准。因此，固液分离技术已成为养殖粪水处理工程及粪便综合利用的关键，选择使用合理的固液分离技术和工艺至关重要。

二、固液分离流程

以牛场为例，牛舍内粪便经机械刮板或水冲工艺清理之后进入集粪池，集粪池内安装有进料切割泵和搅拌机。由于粪便中含有固体干粪、垫料、动物杂毛等大量固形物及杂质，因此，需要用集水调节池内的搅拌机对所有的粪便持续进行混合、搅拌，混合均匀后的粪便再由进料切割泵提升到固液分离机，分离出的固体直接落到分离平台下方的硬化地面上，液体部分排放至粪水池。经过固液分离后的固体干粪部分含水率低，运输方便，可加工生产有机肥，也可在晾晒、消毒后将其作为牛床垫料；液体一部分经处理后可循环用于回冲牛舍清粪通道或粪沟，另一部分作为稀释用水回流到集污池中，多余的粪水经处理后可稀释作为农田灌溉用水，或进一步做厌氧发酵生产沼气或达标排放处理。固液分离及粪水循环水冲系统工艺如图 2-3-2 所示。

系统（图 2-3-3）的主要构筑物及设备有：集粪池（内装切割进料泵、搅拌机、液位仪）、固液分离平台（放置固液分离机用）、粪水池（内装回冲泵及液位仪）。

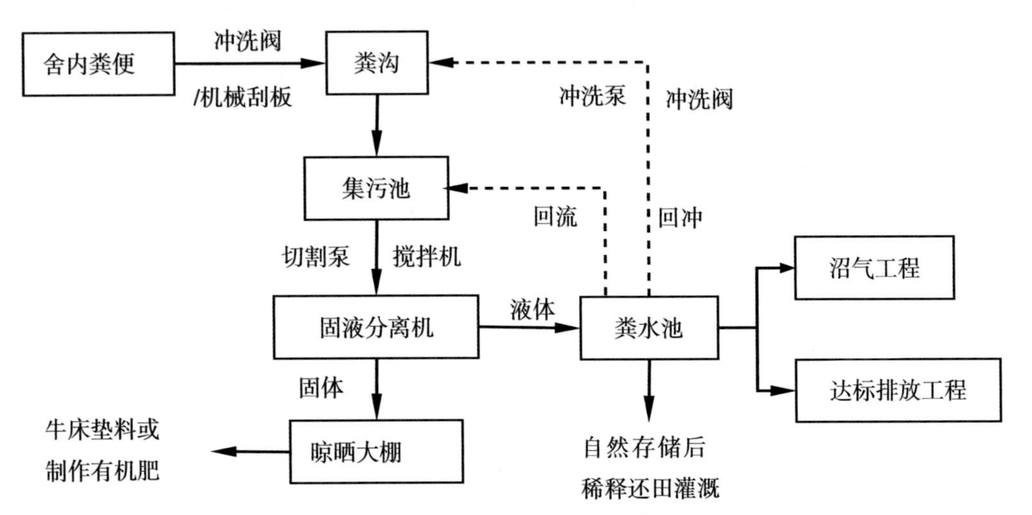

图 2-3-2　固液分离及水冲系统工艺流程

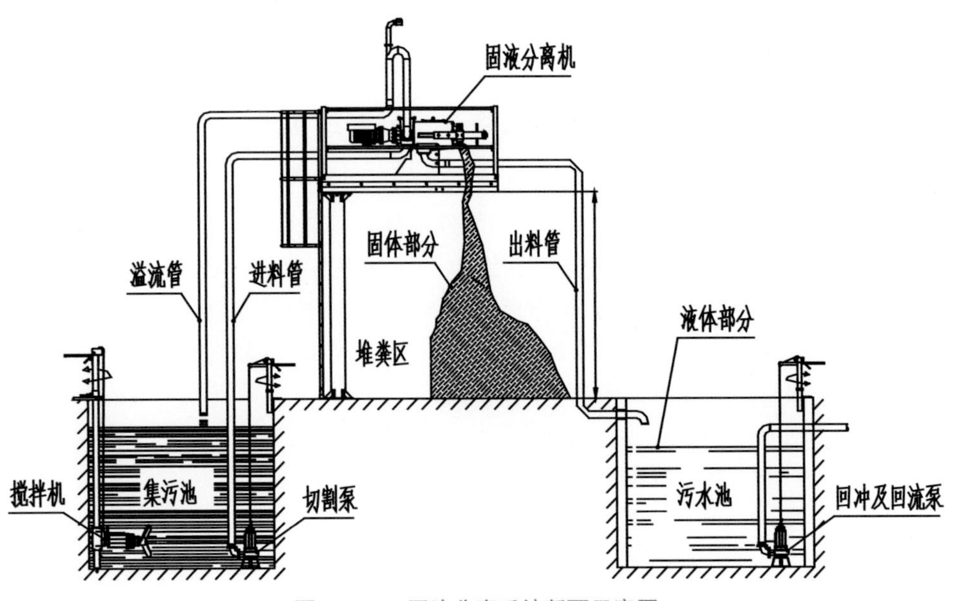

图 2-3-3　固液分离系统断面示意图

三、固液分离设备

（一）分离设备

畜禽粪便固液分离国内外采用的方法主要有高温快速干燥、生物脱水和机械脱水等。与加热脱水方式相比，机械挤压的能量消耗相对较低，因此，机械脱水被广泛应用于固液分离。目前在我国应用固液分离机对养殖场粪便进行前处理已成一种共识，成为应用最广泛、技术相对成熟的固液分离方法。适用清洁回用模式的固液分离设备主要有螺旋挤压分离、带式压滤分离、离心分离和筛分式 4 种。

1. 螺旋挤压式固液分离机

螺旋挤压分离机是一种相对较为新型的固液分离设备，是目前畜禽粪便固液分离应用最广的一种设备（图 2-3-4 至图 2-3-7）。它主要用于 SS 含量高、且易分离的粪水，如新鲜猪粪便等。粪水固液混合物从进料口被泵入螺旋挤压机内，安装在筛网中的挤压螺旋以一定的转速将要脱水的原粪水向前携进，通过口螺旋挤压将干物质分离处理出来，液体则通过筛网筛出。为了掌握出料的速度与含水量，可以调节主机下方的配重块，以达到满意适当的出料状态。也可更换筛网孔径调整出料状态，筛网孔径有 0.25 毫米、0.5 毫米、1 毫米等不同规格。经处理后的固态物含水量可降到 65% 以下，再经发酵处理，掺入不同比例的氮、磷、钾，可制成高效的复合有机肥。

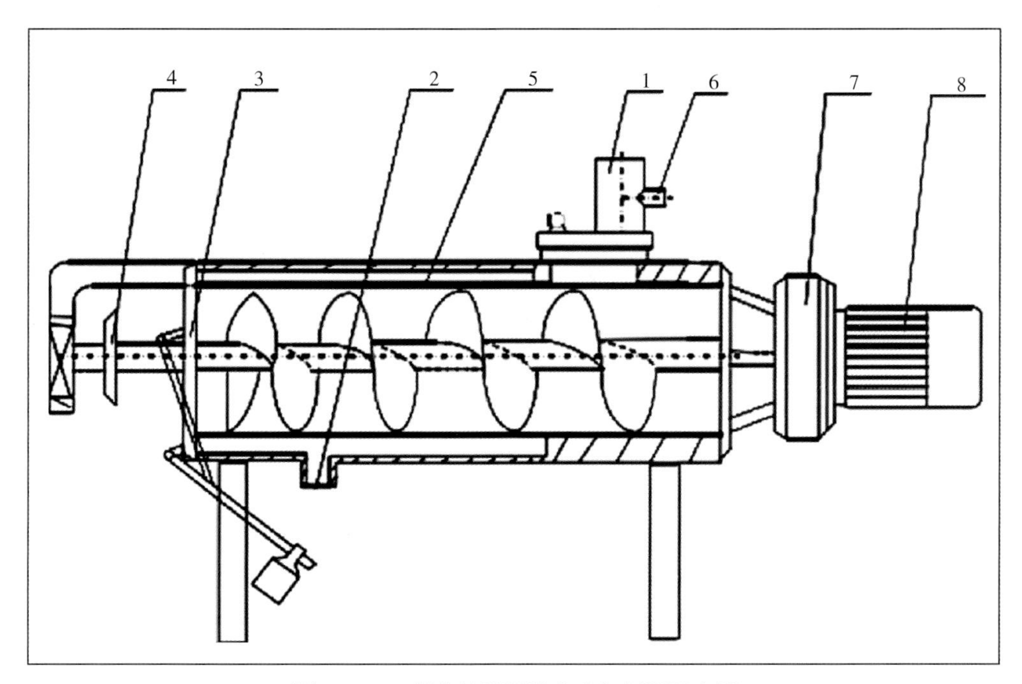

图 2-3-4 螺旋挤压固液分离机剖面示意图

1. 进料口，2. 出液口，3. 两半圆活门，4. 拨料盘，5. 筛网，6. 溢流口，7. 减速器，8. 电机

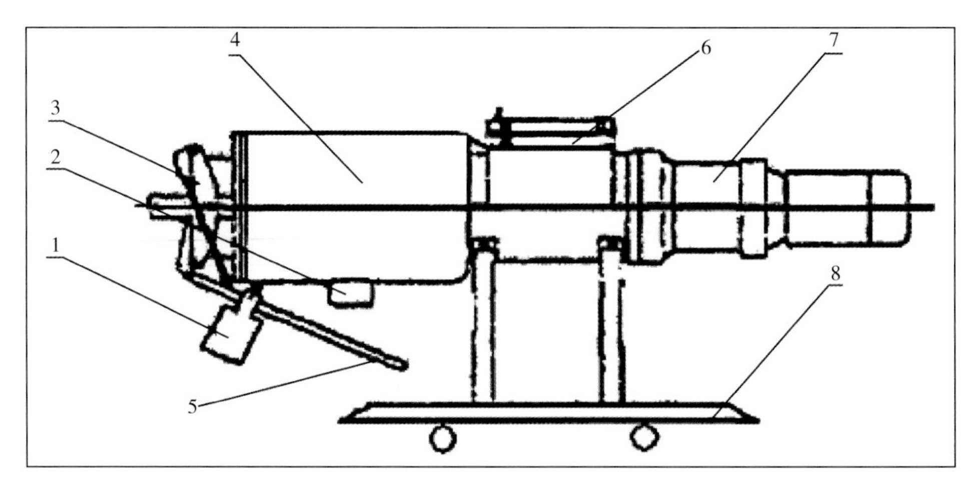

图 2-3-5　螺旋挤压固液分离机正面示意图

1. 配重块，2. 出液口，3. 卸料装置，4. 机体，5. 杆末端，6. 进料口，7. 转动电机及减速器，8. 支架

图 2-3-6　螺旋挤压固液分离机安装实物图

螺旋挤压固液分离设备较振动筛分固液分离设备更适宜于发酵后粪浆的分离，螺旋挤压固液分离机表现出更高的生产能力，可连续工作，处理效率高，有较好的分离效果，结构简单，人工成本及维修成本较低。但其最主要的缺陷是，在分离以前需要将原粪水用搅拌器搅拌均匀，从而使粪水中大量的固态有机物溶解在水中，加大废水后处理难度。

螺旋挤压分离机主要用于对出水要求不高的情况，或原粪水固液分离后，分离后的液体发酵制沼气的情况。

图 2-3-7 螺旋挤压固液分离机安装实物图

2. 带式压滤固液分离机

畜禽粪便与一定浓度的絮凝剂在搅拌池中充分混合以后，粪便中的微小固体颗粒聚凝成体积较大的絮状团块，同时分离出液体，絮凝后的粪便被输送到重力脱水区的滤带上，重力去液，形成不流动状态的污泥，然后夹持在上下两条滤带之间，经过契形预压区、低压区和高压区在由小到大的挤压力、剪切力作用下，逐步挤压，最大化固液分离，最后形成滤饼排出。带式压滤机和板框压滤机主要用于加絮凝剂后絮凝效果较好的废水，用于好氧污泥的处理效果极佳。带式压滤机具有处理能力大、操作管理简便、滤饼含水率低、无振动、无噪声、能耗低等优点。由于其是利用滤带使固液分离，为防止滤带堵塞，需高压水不断冲刷。絮凝剂加药量大，需定期更换滤带（图 2-3-8 至图 2-3-11）。

带式压滤机的脱水辊系的压榨方式有相对辊式和水平辊式两种。水平辊式为面压力和剪切力，相对辊式则为线性压力。水平辊式布置产生的面压力小于相对辊式布置产生的线压力。相对辊式一般用于需要高压脱水的湿物料，而高压机组结构造价较高，较为笨重，成本也较大。对于畜禽粪便的粪尿固液分离，最终的出料含水率达到 80% 左右即可，所以从各个方面考虑，水平辊式就可充分满足需要。水平辊式中的压榨效果主要由剪切力产生，面压力也起着不可或缺的作用。其特点是连续生产、生产效率高。缺点是滤布磨损大、定时冲刷滤布和压板、费时费钱、投资高、活动部件多、污泥到处积累，不卫生、保养量大。

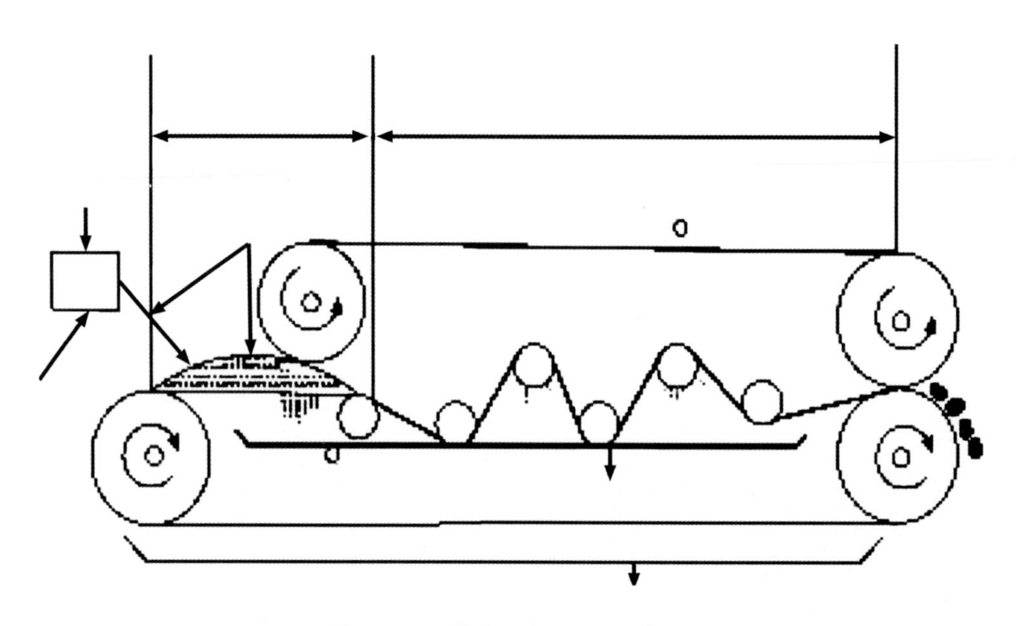

图 2-3-8　带式压滤机工作示意图

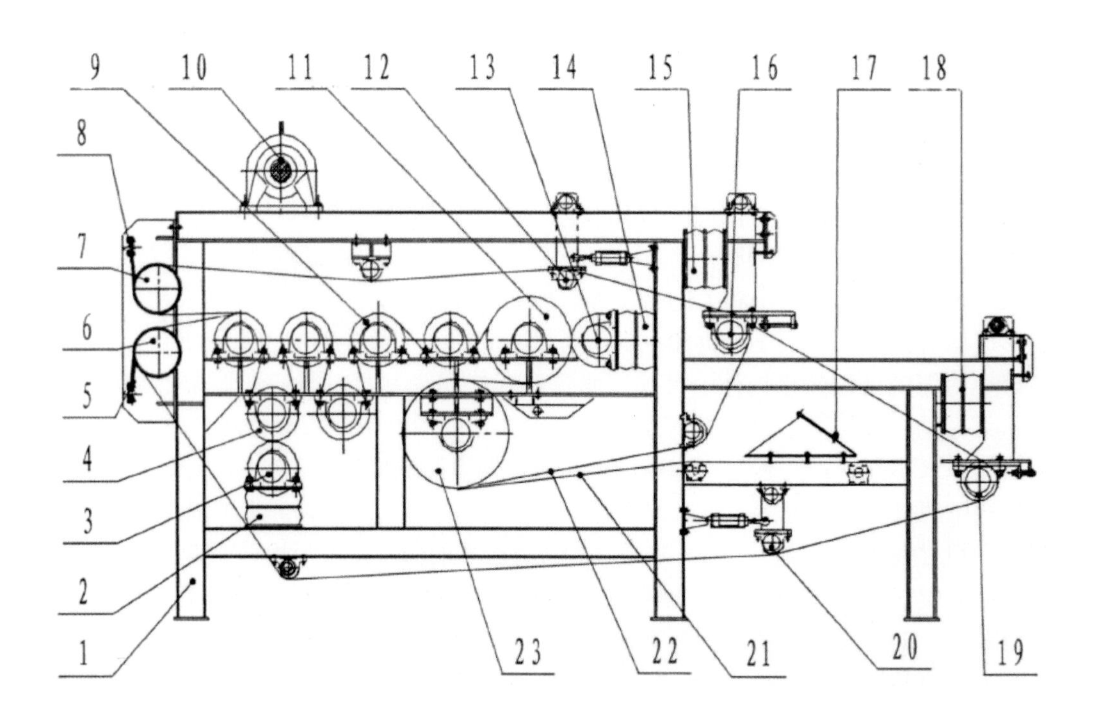

图 2-3-9　带式压滤机总装图

1. 机架，2. 气缸Ⅱ，3. 压辊Ⅱ，4. 垫辊Ⅱ，5. 下刮刀，6. 下出料辊，7. 上出料辊，8. 上刮刀，9. 挤压辊Ⅱ，10. 调速电机，11. 垫辊Ⅰ，12 上调偏辊，13. 压辊Ⅰ，14. 气缸Ⅰ，15. 上气囊，16. 上支撑辊，17. 布料器，18. 下气囊，19. 下支撑辊，20. 下支撑辊，21. 下网带，22. 上网带，23. 挤压辊Ⅰ

图 2-3-10　带式压滤机实物图

图 2-3-11　带式压滤机实物图

3. 离心分离机

离心分离利用固体颗粒和周围液体密度差异，使不同密度的固体颗粒加速沉降分离（图 2-3-12）。离心分离机就是一种通过提高加速度来达到良好固液分离效果的固液分离设备，一般需要消耗大量的电能，因而运行成本大大增加。离心分离机的优点是分离速度

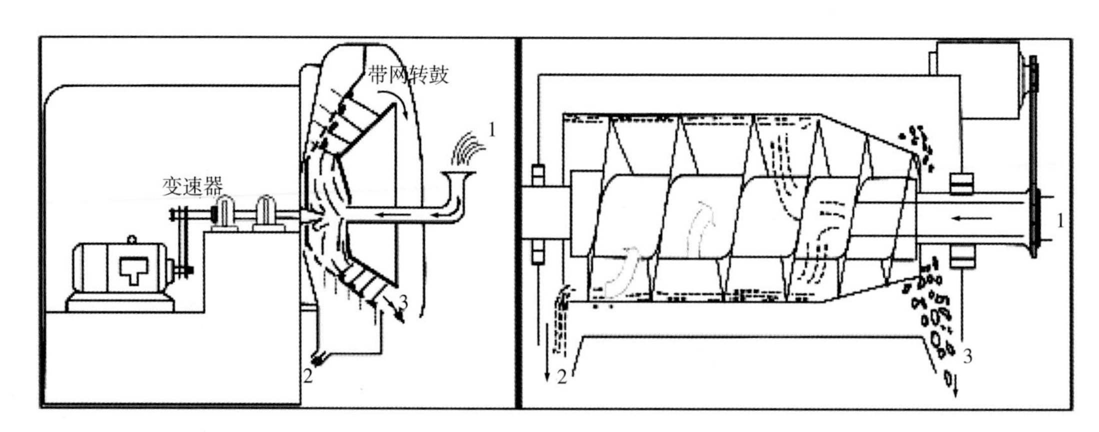

图 2-3-12　离心固液分离机
1. 原粪水，2. 液体，3. 固体物

快、分离效率高；缺点是投资大，能耗高。用于畜禽粪便的固液分离机主要有过滤离心机和卧式螺旋离心机。卧螺离心机转鼓与螺旋以一定差速同向高速旋转，悬浮液通过螺旋输送器的空心轴进入机内中部，由进料管连续引入螺旋内筒，加速后进入转鼓，在离心力场作用下，固相物沉积在转鼓壁上形成沉渣层。输送螺旋将沉积的固相物连续不断地推至转鼓锥端，经排渣口排出机外，液相则形成内层液环，由转鼓大端溢流连续溢出转鼓，经排液口排出机外。卧式螺旋离心分离机主要用于分离格栅和筛网等难以分离的、细小的及密度小又与粪水中悬浮物密度极其相近的 SS（水中的悬浮物）成分。

4. 筛分式洗涤脱水机

将颗粒大小不同的混合物料，通过单层或多层筛子而分成若干个不同粒度级别的过程称为筛分。水力筛一般均采用不锈钢制成，用于杂物较多、纤维中等的粪水，如猪粪便水、鸡粪便水等，作为粗分离。用于畜禽粪便分离的筛分机械主要有斜板筛和振动筛。筛条截面形状为契形的斜板筛，用于粪便分离具有结构简单、不堵塞等特点。但固体物质去除率较低，一般小于 25%。分离出的固体物含水率偏高，不便进一步处理（图 2-3-13 至图 2-3-15）。

但是该机型是将物料稀释后在筛板上过滤，需要加入大量的稀释水，洗去大量的有机质养分，同时新增加大量的废液，增大后续处理的废液量和处理难度，降低生产有机肥的质量。

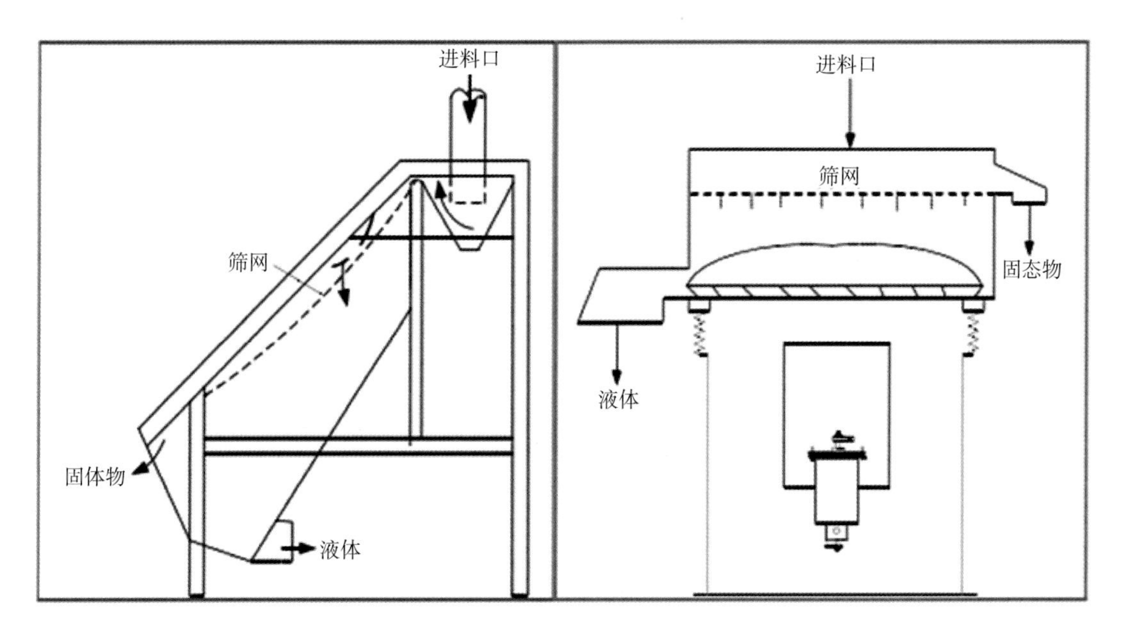

图 2-3-13 斜筛板和振动筛工作示意图

图 2-3-14 筛分式洗涤脱水机实物图

图 2-3-15　筛分式洗涤脱水机实物图

5. 常见畜禽粪便固液分离方法主要优缺点汇总（表 2-3）

表 2-3　固液分离方法主要优缺点汇总

分类	螺旋挤压分离	带式压滤分离	离心分离	筛分式	板框压滤分离	沉降
优点	连续工作、处理效率高、结构简单、维修方便	处理能力大、滤饼含水率低、噪音小、能耗低	分离效果好，固体物含水率低	安装方便、便于管理	压力大，滤饼含水率低	不需外加能量、工艺简单
缺点	进口原粪水需搅拌、筛网易磨损	滤布磨损大、定时冲刷滤布和压板、费时费钱、投资高、活动部件多、污泥到处积累，不卫生、保养量大	转速高、振动大、磨损大、磨损快、噪声强烈	固体截留率低、得到的固体含水率高	间歇工作、滤布磨损大、定时冲刷滤布和压板、费时费钱、投资高、能耗高、保养量大	停留时间长、沉淀渣含水率高

（二）分离配套设备

1. 集污池及池内主要设备

集粪池主要功能是收集粪便水。由于畜禽舍冲洗水排放的不稳定性，因此集粪池的另一个功能是调节水量，保证后续固液分离机的稳态连续运行。集粪池内装有搅拌机和切割进料泵，搅拌机主要是将干粪和粪水搅拌调节稀释均匀，以保证进料的均匀；切割进料泵能将粪便中的杂草等纤维物质切碎后连同粪便水一并提升至固液分离机。

考虑集污池收集、调节功能，其容积一般至少应足以容纳整个养殖场 2~3 天产生的总粪便量，为保证搅拌效率和效果，其有效深度还应满足搅拌机对最小池深（一般不宜小于 3 米，最低不宜小于 2.5 米，以保证有效发挥搅拌机搅拌服务半径）的要求。

（1）搅拌机。主要用于对粪便混合液进行混合、搅拌和环流，为切割泵和固液分离机创造良好的运行环境，提高泵送能力，有效阻止粪便中悬浮物的沉积，避免对管路造成阻塞，从而提高整个系统的处理能力和工作效率。牛场粪便含有较多的纤维杂质，且带有一定的腐蚀性。因此，在搅拌机选择上应选择材质耐腐蚀性强、搅拌力度大的搅拌机，以满足使用环境要求，并保证搅拌效果。如图 2-3-16 所示搅拌机整体采用铸铁材料，叶轮和提升系统采用不锈钢材质，耐腐蚀性强，可在 pH 值为 5~12 的酸碱范围内工作。同时其带有专用的安装起吊系统，无须排出池内粪水，即可快速安装和拆卸潜水搅拌机，提升系统带有行星齿轮盒，可以根据池内的液面高度调整搅拌高度及角度。

图 2-3-16　搅拌机

选择搅拌机时，可根据物料的种类、数量、池体池形系数等综合确定。以集污池为例，考虑一定的缓冲能力，集粪池一般设计有效容积为存储 2~3 天的粪便量。然后在选择搅拌机时，根据集粪池容积 V、池形系数 k、粪便曲线类型、单位能耗值 Pu 计算所需搅拌机功率，然后对照搅拌机型号再提升 1~2 级。如日处理 300 立方米牛场粪便水，集粪池设计为 15 × 12 × 3.5=630 米，可选一台 18.5 千瓦 搅拌机或两台 9 千瓦搅拌机。实际工程中，可做适当调整，含固率高的可取大一些。

（2）切割进料泵。主要用于为固液分离机进料创造一个稳定的进料环境。如图 2-3-17 所示切割泵带有双重切割功能，能有效切碎粪便中的纤维杂质，同时还带有专用提升系统，安装、拆卸方便，在不排空池水的情况下，即可实现设备的安装、检修。该潜水切割泵可抽取的粪便水固形物含量最大可高达 12%，适用于牛场的粪便处理。

图 2-3-17　进料切割泵

（3）液位仪。主要通过高低液位的控制来实现分离系统的自动启闭。如图 2-3-18 所示液位仪为浮子式液位仪。不同的液位控制点可以在池子有效池深范围内自由设定。对于固液分离系统，当池内粪便水液位到达高液位时，搅拌机、切割进料泵及分离机自动启动，随着分离机对粪便水的不断处理，当池内液位下降到设定的低液位时，则分离机、搅拌机、切割泵等自动关闭。

2. 粪水池及池内主要设备

粪水池主要功能是容纳固液分离后的液体部分，并作为循环回冲水池，兼有沉淀池的功能。分离出的液体部分在粪水池经过自然沉淀后，上清液处理后可循环利用作为粪沟和牛舍清粪通道的冲洗水，其余的可以稀释灌溉农田、厌氧发酵产沼气或经进一步处理后达标排放。粪水池的容积在设计时需要考虑牛舍每次清粪的回冲水量，并兼顾回冲泵的流量，有效容积一般不小于整个牛场一次回冲水量。粪水池内主要有回冲泵和液位仪。回冲泵选择应考虑整个回冲系统中回冲管道末端流量和水头压力的要求，并综合冲洗管道的总扬程损失来选择回冲泵。

图 2-3-18　液位仪

四、固液分离构建

（一）固液分离机平台

其基本功能是为固液分离机提供安装平台，留出足够的固体干粪存储空间，同时使固体干粪在分离后的降落过程中降低固体含水率。可以根据固体干粪两次清理的时间间隔、运输机械的高度来选择安装平台的高度。考虑到分离机房结构的经济性，一般选用 3 米左右。

固液分离平台可以是钢结构的，也可以是钢筋混凝土结构的，如图 2-3-19、图 2-3-20 所示。但其平台尺寸、落料口位置等应与分离机结构尺寸相匹配。

图 2-3-19　钢结构平台

图 2-3-20　钢筋混凝土平台

（二）固液分离机选择

固液分离机是该系统的核心设备。分离机型号应根据粪便处理量、粪便干物质浓度、粪便种类等来选择。如对于牛场粪便前分离，含稻草等杂质较多的粪便，应选择 0.75 毫米的筛筒孔径；而对于含稻草等杂质较少的粪便以及沼气发酵后的沼液沼渣分离，则应选择 0.5 毫米的筛筒孔径。此外，螺旋挤压式固液分离机应选择机身为铸铁，核心部件均为不锈钢材质，以保证其有较强的耐腐蚀性。

（三）固液分离区设备布置

粪便池、粪水池应离分离机近些。否则主要靠自然落差不能满足液体排放要求。若距离远，可增大排液管径或与落差；距离过远时可增加一个中转池。进料切割泵应与分离机位置、进料口对应；搅拌机应布置在粪沟入口同侧并适当远离入口，安装方向要能顺势对粪便进行推流搅拌，最大化地实现搅拌均匀；液位仪应避开粪沟入口、搅拌机，尽量避免进水冲击或搅拌水流推动。具体分布见图 2-3-21。

五、固液分离模式

固液分离包含前分离工艺与后分离工艺。采用前分离和后分离的方法，对固液分离机的要求并无太大差异，但粪便处理和利用回收的工艺条件却不相同。畜禽粪便中粪物质 BOD、COD，浮物等环境指标占畜禽粪便总指标 80% 以上，采用前分离则可将难分解的物质提前分离出来，以降低液体部分的 BOD、COD、悬浮物含量，减轻粪便的处理难度，降低粪便处理设施的投资，缩短粪水处理时间，减少粪便水处理设施的运行费用。如果采用厌氧发酵处理工艺，由于进入厌氧发酵槽内全为液体使得发酵速度加快，反应时间缩短，料液在槽内滞留期缩短，可以大大减小发酵槽的体积，降低工程投资，分离后的粪便还可用于堆肥。采用固液前分离的工艺把能够参与厌氧反应的固体物质提前分离出去，大大减少了沼气的产出量。后分离工艺则弥补了上述产气不足的缺点，厌氧发酵过的固体

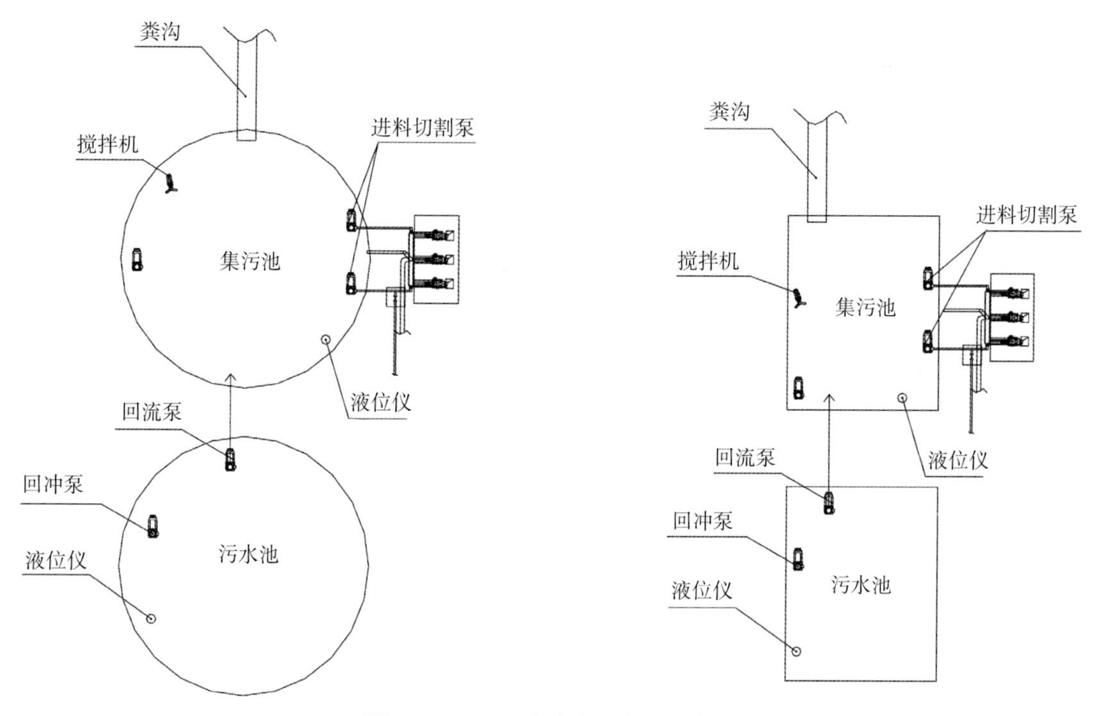

图 2-3-21　固液分离区布置示意图

物质可直接调整水分，成为很好的有机肥，且沼渣沼液还能以饲料添加剂、叶面肥、浸种等多种形式加以利用。其缺点是发酵反应周期长，所需反应槽体积大，使建设投资成本增加。因此应根据具体畜禽场粪便排放情况以及对处理过程资源回收的要求和资源综合利用的情况，经过经济分析与对比，选择固液分离的工艺（林聪，2001）。

通过固液分离机进行固液分离，可以得到含水量低于 65% 的固体干粪，但现在的固液分离机对粪便中固体的回收率低于 30%，特别是固液分离后，原有粪便中氮、磷绝大多数还留在液体中，这给后续液体部分处理提出了更严峻的挑战。

第四节　干粪处理与利用

一、堆　肥

（一）堆肥定义及其基本过程

堆肥是应用最广泛的畜禽粪便资源化利用方法，是在人工控制水分、碳氮比（C/N）和通风条件下通过微生物的发酵作用，将废弃物有机物转变为肥料的过程。通过堆肥过程，有机物由不稳定状态转变为稳定的腐殖质物质，同时微生物作用过程会产生一定的热量使堆体保持长时间高温状态，杀死堆肥物料中的病原菌、杂草种子，实现无害化。堆肥

产品中不含病原菌、杂草种子，可以安全存放，是一种好的土壤改良剂和农用有机肥料。

堆肥过程通常分为两个阶段，即高温发酵阶段和后熟阶段。高温发酵阶段伴有明显的温度变化，根据堆体温度变化，高温发酵阶段又可分：

（1）升温期。一般指堆肥过程的初期，堆肥温度逐渐从环境温度上升到45℃左右，主导微生物以嗜热性微生物为主，包括细菌、真菌和放线菌。

（2）高温期。当堆肥温度升到45℃以上时，即进入高温阶段。在此阶段，嗜温性微生物受到抑制甚至死亡，嗜热性微生物逐渐替代了嗜温性微生物；通常在50℃左右进行活动的主要是嗜热性真菌和放线菌；温度上升到60℃时，真菌几乎完全停止活动，仅有嗜热性放线菌在活动；温度升到70℃以上时，对于大多数嗜热性微生物已不适宜，微生物大量死亡或进入休眠状态。

（3）降温期。高温阶段必然导致微生物的死亡和活动减少，自然进入降温阶段，在此阶段，嗜温性微生物又开始占据优势，但微生物活动普遍下降，堆体发热量减少，温度开始下降，有机物趋于稳定，需氧量大大减少，堆肥进入后熟阶段。

（二）堆肥的影响因素

堆肥物料的初始条件必须满足微生物生长繁殖的需要，微生物生长繁殖需要的条件即为堆肥的影响因素。堆肥发酵的影响因素很多，主要包括：

1. 碳氮比

一般情况下，微生物每消耗25克有机碳，需要吸收1克氮，即微生物分解有机物的适宜碳氮比（C/N）约为25：1。如果C/N过高，微生物生长繁殖所需的氮素来源受到限制，微生物繁殖速度低，有机物分解速度慢，发酵时间长；而且还导致堆肥产品C/N高，施入土壤后易造成土壤缺氮，从而影响作物生长发育。如果C/N过低，微生物生长繁殖所需的能量来源受到限制，发酵温度上升缓慢，过量氮以氨气形式挥发，导致氮损失。合理调节堆肥原料的碳氮比是加速堆肥腐熟、实现成功堆肥的重要措施。

畜禽粪便的C/N较低：牛粪为15~20、猪粪为10~15、鸡粪为6~10。而一般禾本科植物的C/N较高，在40~60。在堆肥过程中，将农作物秸秆作为畜禽粪便堆肥辅料是不错的选择。在堆肥过程中约2/3的碳将以二氧化碳的形式挥发，剩余部分与氮素一起合成细菌生物体。因此，堆肥化过程是一个C/N逐渐下降并趋于稳定的过程，腐熟堆肥的C/N一般为15左右。

2. 水分含量

堆肥过程中保持适宜的水分含量是堆肥成功的首要条件。当水分含量在35%~40%时，堆肥微生物的降解速度会显著下降，但水分下降至30%以下时，降解过程将完全停止。通常有机物吸水后会膨胀软化，有利于微生物分解，但水分过多，会堵塞堆肥物料间空隙，影响其通透性，形成厌氧状态而产生臭气。推荐的适宜堆肥物料含水量上限为50%~60%，由于不同物料的最大持水能力不同，应根据设定的水分含量，以调节C/N为前提，确定不同物料的混合比例。

3. pH 值

pH 值是影响微生物生长繁殖的重要因素之一，虽然目前研究得出的堆肥微生物适宜 pH 值范围存在些许差异，但多数堆肥微生物适合在中性偏碱性环境中繁殖与活动。畜禽粪便、农作物秸秆等一般不需要调节 pH 值，但当原料 pH 值偏离正常堆肥 pH 值（5~9）较大时，就必须进行调节。当 pH 值偏酸性时（<5），通常用石灰调节；当 pH 值偏碱性时（>9），可以通过添加氯化铁或明矾来调节，有时也用强酸或堆肥返料进行调节。在 pH 值调节时应注意，石灰的用量不宜过大，一般控制在 5% 以内，否则会延长堆肥过程的缓冲期，不利于堆肥化进程。

4. 粒径

堆肥物料的分解主要发生在颗粒的表面或接近颗粒表面的地方，在相同体积或质量的情况下，小颗粒要比大颗粒有更大的表面积，因此，小颗粒物料一般降解得快些。推荐堆肥的颗粒粒径为 1.3~7.6 毫米，其下限适用于通风或连续翻堆的堆肥系统，上限适用于静态通风堆肥系统。粒径过小会影响堆体的通气孔隙率，粒径过大则需要对堆肥产品进行过筛。

5. 容重

水分调节可改善通气性，同时也可调节容重。相同的水分条件下，容重（比重）越小，堆肥化过程中的温度上升越快。在堆肥现场可以参考容重判定通气性的改善效果。

（三）堆肥物料简易配比法

根据容重确定粪便与堆肥辅料的配比法。首先准备 1 个日常生活中用的塑料桶和 1 台磅秤，然后开始称量。具体做法是：首先在塑料桶中装满水，称其重量，可根据水的重量和密度计算出桶的体积；然后在塑料桶中装满粪便（不要压实、粪与桶口平齐），称量粪便的重量，同样方法称量秸秆的重量，分别计算粪便和秸秆的比重，大致估算混合体积比；接下来，用这个桶分别盛粪便和秸秆，按照不同体积比例进行混合，例如，粪便与秸秆按照 3：2 的体积比混合，则先用桶盛 3 桶粪，然后盛 2 桶秸秆，倒在一起进行混合，混合均匀后，再用桶盛混合物，称量混合物的重量，计算出比重……直到得到理想的比重。最好以确定的粪便与辅料体积混合比进行混合堆肥。

以上每种称量最好重复 3 次，将其平均值用于其后的计算，容重一般应 <700~750 千克 / 立方米，以 500~600 千克 / 立方米为宜。

堆肥物料的配比也可通过调节 C/N 和水分含量实现。通常先将 C/N 指标调整合适后，将堆肥配方基本确定下来，若需要则进一步调整水分含量，在不明显影响第 C/N 指标的情形下对水分含量指标进行优化。

（四）畜禽粪便堆肥系统

根据堆肥技术的复杂程度及其通风方式不同，将畜禽粪便堆肥系统分成四大类：条垛堆肥、强制通风静态堆肥、槽式堆肥和反应器堆肥系统。无论使用何种堆肥技术处理畜禽粪便，均应满足国家标准《粪便无害化卫生要求》（GB 7959—2012）或农业行业标准《畜禽粪便无害化处理技术规范》（NY/T 1168—2006）的卫生要求。

1. 条垛堆肥

条垛堆肥系统是从传统堆肥逐渐演化而来的，将混合好的粪便和辅料混合物在土质或水泥地面上排成行，经过机械设备周期性地翻动的长条形堆垛（图 2-4-1）。

图 2-4-1　条垛堆肥系统

条垛的高度、宽度和形状随原料的性质和翻堆设备的类型而变化，条垛的断面可以是梯形、不规则四边形或三角形，常见的堆体高在 1~1.2 米、宽 2~8 米、条垛堆体的长度可根据堆肥物料量和堆场的实际位置来确定，一般在 30~100 米。条垛堆肥的氧气主要是通过条垛里的热气上升形成的自然通风进行供氧，同时翻堆过程中的气体交换也可在一定程度上供氧。堆肥过程中要对条垛进行周期性的翻动，使其结构得到调整，条垛堆肥的翻堆主要通过翻堆机完成，机器的使用大大地节省了劳力和时间，使原料能充分混合、堆肥也更加均匀。

条垛堆肥的最大优点在于设备投资低，仅需翻斗小车即可满足要求；该技术简便易行，操作简单，目前已得到广泛应用。缺点是堆垛的高度相对较低、占地面积相对较大，堆垛发酵和腐熟较慢，堆肥周期长，如果在露天进行条垛堆肥，不仅有臭气排放，而且易受降雨等不良天气的影响，因此，建议在简易大棚中进行条垛堆肥，以便于臭气的收集和处理。

2. 强制通风静态堆肥

强制通风静态堆肥是通风管道与风机相连、由正压风机和管道及料堆中的空隙所组成的通风系统对物料堆进行供氧的堆肥方法，由于料堆中的空隙是通风系统的组成部分，因而对堆体中的空隙率很重要，理论上 30% 最佳。与条垛堆肥不同之处是堆肥过程中不进行物料的翻堆，有专门的通风系统为堆体强制供氧。强制通风静态堆肥堆体相对较高（通常为 1.5~2.0 米）（图 2-4-2），长度受气体输送条件的限制，如果堆体太长，距离风机最远的位置就难以得到氧气，可能产生厌氧，导致部分堆肥不能腐熟，因而通常需要在畜禽粪便中添加辅料来维持堆体良好的通气性结构。强制通风静态堆肥堆体下可能会有渗滤液，应采取一定的措施对渗滤液进行收集和适当处理。

图 2-4-2　强制通风静态堆肥系统

由于静态堆肥不进行翻堆，通风系统运行对堆肥至关重要。风机的运行常用时间控制和温度控制两种方法。时间控制法即采用定时器控制通风，是一种简单而又廉价的方法，该方法可通过控制时间来提供足够的空气以满足堆体对氧气的需要，但这种方法并不能使堆体保持最佳的温度，当堆体温度超过一定的限度后，堆体发酵的速度反而会受到限制；另一种为温度控制法，该方法为保持最佳堆体温度，采用温度传感器进行实时监控，当堆体温度达到设定温度时，从传感器发出的电子信号能通过控制器让风机停止工作，当温度达到设定的高温点时，风机启动起到降温的作用，当堆体冷却到设定的低温点时，系统则会关闭风机。

强制通风静态堆肥系统的优点在于：该系统堆体相对较高，占地面积较小；系统中供氧充足，堆肥发酵时间为 4 周，使堆肥系统的处理能力增加；通常在室内进行，可对臭气进行收集和除臭处理。该系统的缺点是投资比条垛堆肥系统高；尽管通风系统中风机的功率小，但仍需要一定运行费用；另外为了使堆料发酵均匀，堆料每周需要重新混合一次。

3. 槽式堆肥

槽式堆肥是堆肥过程发生在长而窄的被称作“槽”的通道内，通道墙体的上方架设轨道，在轨道上有一台翻堆机可对物料进行翻堆的堆肥方式（图 2-4-3）。大部分堆肥场为了实现快速堆肥，还在发酵槽底部铺设曝气管道对堆体进行通风，则系统将可控通风与定期翻堆相结合。由于沿着槽的长度方向放置的原料处于堆肥过程的不同阶段，因而沿着长度方向将槽分成不同的通风带，槽式堆肥系统可使用多台风机，每台风机将空气输送到槽的一个区域，并由温度传感器或定时器独立控制。

图 2-4-3　槽式堆肥

槽式堆肥设施的堆料深度通常为 1.2~1.5 米，其容量由槽的数量和面积决定，槽的尺寸必须和翻堆机的大小保持一致；槽的长度和预定的翻堆次数决定了堆肥周期，通风槽式堆肥系统的建议堆肥周期为 2~4 周。为了保护机器设备并控制堆肥条件，堆肥槽通常建造在建筑物或温室内，如果在温带的气候条件下，则仅需加上顶棚即可。

槽式堆肥系统的自动化程度高，翻堆机通过控制器可自动运行，槽式翻堆机配备了移行车，搅拌机沿槽的纵轴移行，在移行过程中搅拌堆料；多数槽式翻堆机能从一个槽转移到另一个槽上，因而一台翻堆机可以用于多个槽的翻堆，提高设备使用效率。

槽式堆肥系统的最大优点是占地面积小、堆肥周期短、堆肥产品质量均匀以及节约劳动力。一些大型堆肥厂采用槽式堆肥，日处理规模可达到 500 吨以上。其缺点是该系统需要购置搅拌机，且搅拌机的功率较大，因而投资成本和运行费用均高于强制通风静态堆肥和条垛堆肥系统；搅拌机与堆料接触部分高速旋转易磨损，且与粪便混合物直接接触容易被腐蚀，需要进行维护和更换。

4. 反应器堆肥

反应器堆肥设备必须具有改善和促进微生物新陈代谢的功能，在发酵过程中要进行翻堆、通气、搅拌、混合等操作来控制堆体的温度和含水率，同时在反应器堆肥中还要解决物料移动、出料的问题，最终达到提高发酵速率、缩短发酵周期，实现机械化生产的目的。反应器堆肥系统能很好控制堆肥发酵过程，发酵过程通常在 2 周内完成，如果堆肥周期为 10 天，则每天加入或取出堆肥物料的体积约为反应器有效体积的 1/10。

反应器堆肥系统按照物料的流向可将反应器堆肥系统分为水平流向反应器和竖直流向反应器；根据发酵仓的形状，又可分为箱式反应器、圆筒形反应器和塔式反应器等，目前我国畜禽养殖场常用的是塔式堆肥反应器（图 2–4–4）。塔式反应器是一种从顶部进料、底部出料的筒仓，通风系统使空气从筒仓的底部通过堆料，在筒仓的上部收集和处理废气。新鲜的畜禽粪便和各种辅料，搅拌均匀后经皮带或料斗设备提升到塔式反应器的发酵筒仓内，物料被连续或间歇地加入塔式反应器，通常允许物料从反应器的顶部向底部周期性地移行下落，同时在塔内通过翻版的翻动或风管进行通风、干燥。

图 2–4–4　塔式堆肥反应器

塔式反应器堆肥系统的优点：由于物料在筒仓中垂直堆放，因而这种系统使堆肥的占地面积很小，自动化程度高，因而省地省工；发酵周期短；堆肥在封闭的容器内进行，没有臭气污染。缺点：这种堆肥方式仍需要克服物料压实、温度控制和通气等问题，因为物料在仓内得不到充分混合，必须在进入筒仓之前就混合均匀；且相对投资较大；设备维修困难。

二、养殖垫料

利用猪、奶牛的粪便含有较多的纤维类物质以及经微生物作用后具有较为松软的特性，可将其作为自然发酵床饲养系统中的发酵床原料或奶牛卧床垫料。

（一）用作发酵床原料

在实施发酵床养殖的畜舍，粪便不需清理，直接可以作为发酵床原料，并被分解消纳。

以发酵床养猪为例，是将锯末等垫料填充到猪舍内事先挖好的深坑中，填充后和地面一样平齐，厚度一般在 90 厘米左右。利用猪在垫料表面的活动，将其排泄的粪便与垫料混合。经过一段时间后，垫床形成了一个上表为好氧、下部为厌氧的一个适于微生物生长繁殖的环境，通过微生物的作用将粪便等物质分解和转化，同时产生大量的发酵热。尿液等液体被垫料吸收，水分会随发酵过程产生的热量蒸发到环境中。为加快微生物的作用过程，需在垫料中添加一定比例的活性微生物制剂（图 2-4-5）。

图 2-4-5 发酵床作猪舍垫料

发酵床养猪的特点是：

① 节能环保，减轻劳动强度。利用发酵床自身产热维持舍内温度和躺卧区温度，不需要额外加热。无须清粪，不会产生粪水，实现了污染物的“零排放”，减轻了养猪业对环境的污染。

② 有利于猪的活动，行为习性得到较好的满足，有利于提高猪自身的抗病力和免疫力，改善猪的健康水平，促进猪的生长发育。

③ 节省饲料和药费，猪可以从垫料中获得部分营养需要，可减少一部分饲料用量。利用猪自身健康水平的提高减少药物使用，既节约成本，又减少了猪肉中的药物残留。

④ 垫料可反复使用，形成的猪舍环境相对稳定。长时间的发酵，使垫料和粪便清出后可直接作为有机肥使用。

发酵床养猪也存在一些诸如垫料来源不足、湿度过大、粉尘浓度过高、无法进行常规的防疫消毒等问题。另外，在温度较高的夏季，采用这种方式会因垫料产生过多的发酵热导致舍温过高，猪无法在床上生活；冬季一旦饲养密度太小，或仔猪阶段排泄量不够，会影响垫料中微生物的正常繁殖和活动，导致产热量较少不足以维持适宜的舍温，需注意冬季微生物产热不足的问题。

发酵床的具体做法为：采用特定菌种，按一定配方将其与稻草、锯末等木质素纤维素含量较高的原料混合，形成有机垫料，铺在按一定要求设计的畜禽舍地面上，将畜禽放入舍内，畜禽从小到大都生活在垫料上面，畜禽的排泄物被有机垫料里的微生物迅速降解、消化，在整个饲养过程中不用清理粪便和更换垫料，只要对垫料进行科学的养护，保持发酵活性即可。

（二）用作奶牛卧床垫料

由于奶牛饲料消化率高，粪便中纤维含量高，相对而言，其粪尿的 BOD、COD、N、P 等含量较猪、鸡低（表 2-4），这为牛场固体干粪用作垫料、液体清洁回用提供了条件。

表 2-4 不同畜禽粪便中成分含量比较

指标	含量	猪	奶牛	肉牛	蛋鸡	肉鸡
BOD	粪（毫克 / 升）	60 000	24 000	24 000	65 000	65 000
	尿（毫克 / 升）	5 000	4 000	4 000		
COD	粪（毫克 / 升）	35 000	19 000	19 000	45 000	45 000
	尿（毫克 / 升）	9 000	6 000	6 000		
SS	粪（毫克 / 升）	220 000	120 000	120 000	130 000	130 000
	尿（毫克 / 升）	5 000	5 000	5 000		
氮	粪（毫克 / 升）	5 000	4 500	3 000	25 000	20 000
	尿（毫克 / 升）	7 000	8 000	12 000		
磷	粪（毫克 / 升）	5 000	1 000	1 000	4 500	2 500
	尿（毫克 / 升）	500	100	100		
有机物	粪（干基 %）	85	80	80	70	70
	尿（干基 %）	70	70	70		

奶牛场粪便经固液分离后，固体部分通过垫料方式实现清洁回用，不仅能解决粪便存放的问题，还能解决牛床垫料来源的问题并减轻后续粪便处理的难度。固液分离后用来作卧床垫料的固体物料处理方式有：自然堆积晾晒、槽式氧化发酵法、条垛式氧化发酵法以及仓式氧化发酵法等。牛粪作为牛床垫料与其他常用垫料相比具有明显的优势：与稻壳、木屑、锯末、秸秆等垫料材料相比，牛粪不需要从市场购买，不受市场控制；与橡胶垫料比，不仅成本低，且其舒适性、安全性较好；与沙子比，不会造成清粪设备、固液分离机械、泵和筛分器等严重磨损，在输送过程中不易堵塞管路，不会沉积于贮液池底部，不需要经常清理；与沙土比，牛粪松软不结块，不容易导致奶牛膝盖、腿部受伤，且

有利于后续的粪便处理。牛粪作为牛床垫料既卫生又安全，具有保障奶牛健康，提高奶牛卧床舒适度，减少肢蹄疾病，易于粪便处理的特点，经济、生态、社会效益显著，在美国、加拿大应用很普遍。

牛粪当作垫料使用的场合主要包括运动场和牛舍中的卧床。具体做法有以下几种。

（1）牛舍内的粪铲车产出后直接铺在运动场上。采用铲车将牛粪从牛舍产出后，直接摊放在室外运动场上，由于室外相对干燥，牛粪中的水分会逐渐减少，放置一两天后，牛比较喜欢卧在铺有牛粪的运动场休息。但这种方式不适于雨季使用。

（2）粪便固液分离后，固体部分经晾晒后回填卧床。将粪便进行固液分离后，固体部分经晒场晾晒，水分降到 50% 以下后将固体牛粪回填牛床。这种利用方式要求固液分离设备出料的含水量应尽可能低，最好不要超过 65%，并且由于未对牛粪做消毒杀菌等处理，会存在着一定的安全隐患。

（3）固液分离后再经堆积发酵或条垛发酵处理后作为卧床垫料。或者牛场粪便直接进入沼气池处理，处理后再进行固液分离，沼渣部分经晾晒后作为卧床垫料。经过好氧或厌氧处理后的牛粪垫料，其生物安全性大大提高（图 2-4-6、图 2-4-7）。

（4）牛舍内的粪尿经专门的垫料再生系统生产垫料。对于采用机械刮粪的牛舍，粪尿

图 2-4-6　牛粪作牛舍卧床垫料

图 2-4-7　槽式堆积发酵

及冲洗用水的混合物经过暗沟集中输送到储存池中。通过泵的提升，进入垫料再生系统，先做固液分离，然后进入发酵仓在 65~70℃下发酵、杀菌、干燥后形成含水量低于 40% 的物料，再回填至卧床（图 2-4-8）。目前，意大利、奥地利等国家的垫料再生系统设备已进入我国市场。

图 2-4-8　发酵后的牛粪晾晒

1. 发酵制作垫料的工艺及设备

固体畜禽粪便经高温发酵处理后制作成卧床垫料。其工艺与好氧堆肥技术相似。在高温好氧发酵过程中，有机碳被微生物呼吸代谢，因而降低碳氮比，所产生的热可使堆肥温度达到 70℃以上，能杀灭病菌、虫卵及杂草种子，实现无害化处理。经过高温好氧发酵的固体干粪再经过干燥后可以直接用作垫料。

好氧发酵的工艺条件应满足发酵物料适当的碳氮比例、合适的水分含量（60%）和充分的有氧环境等条件。

发酵制作垫料所需要的主要设备包括：抛翻机、干燥设备、混合设备、筛分设备和制粒设备等，见图 2-4-9 至图 2-4-11。

图 2-4-9　固定式翻抛机和回转式烘干机

图 2-4-10　双轴混合搅拌机和震动筛分机

图 2-4-11 对辊挤压造粒机

2. 牛床再生垫料系统

近年来，奥地利开发了一种专业牛床再生垫料成套设备——BRU 牛床再生垫料系统，使牛粪作为牛床垫料既卫生又安全，具有保障奶牛健康，提高奶牛卧床舒适度，减少肢蹄疾病，易于粪便处理的特点，经济、生态、社会效益得到显著提高。该设备已在美国、加拿大和欧洲得到应用。我国的天津、上海等地牛场也已引进了该技术设备。

该系统的工艺流程：奶牛场牛舍中的粪便在刮粪车的作用下，被清理收集到牛舍一端的粪沟中，在地下管道中水压的作用下，将粪便与回冲的粪水一起排至集粪池 A 池中。A 池中的粪便经管道运输，到达 BRU 主机，开始进行固液分离。由于分离机分离液体的量远小于管道输送的粪便量，故 BRU 主机未及时分离的液体将回流至集粪池 A 池中。经 BRU 主机分离后得到的固体含水率较低，约为 50%，被输送到发酵仓，进行发酵；而得到的液体仍含有较多固体物质，故首先经管道输送到 B1 池，然后经 B1 池到达二次固液分离器，进行第二次固液分离。进入发酵仓内的固体物料经好氧菌发酵产生 65~70℃的高温，对物料进行杀菌及干燥，然后通过输出设备运送至垫料仓。垫料仓内的垫料可使用抛洒车运至牛舍，直接做牛舍的卧床垫料。进入二次分离器的粪便经固液再次分离后（与 BRU 主机情况类似，未能及时处理的液体将通过管道回流至 B1 池），固体直接到达肥料库，经堆肥发酵作为固体肥料，施用于农田或果园等；液体经管道输送至 B2 池。B2 池中的液体经过两次固液分离，含固率较低，可直接用来回冲漏粪池，或经地下管道输送至氧化塘，经氧化发酵做液肥使用。图 2-4-12 为 BRU 系统处理奶牛场粪便的工艺流程图。其中，虚线部分为牛床再生垫料的生产流程。

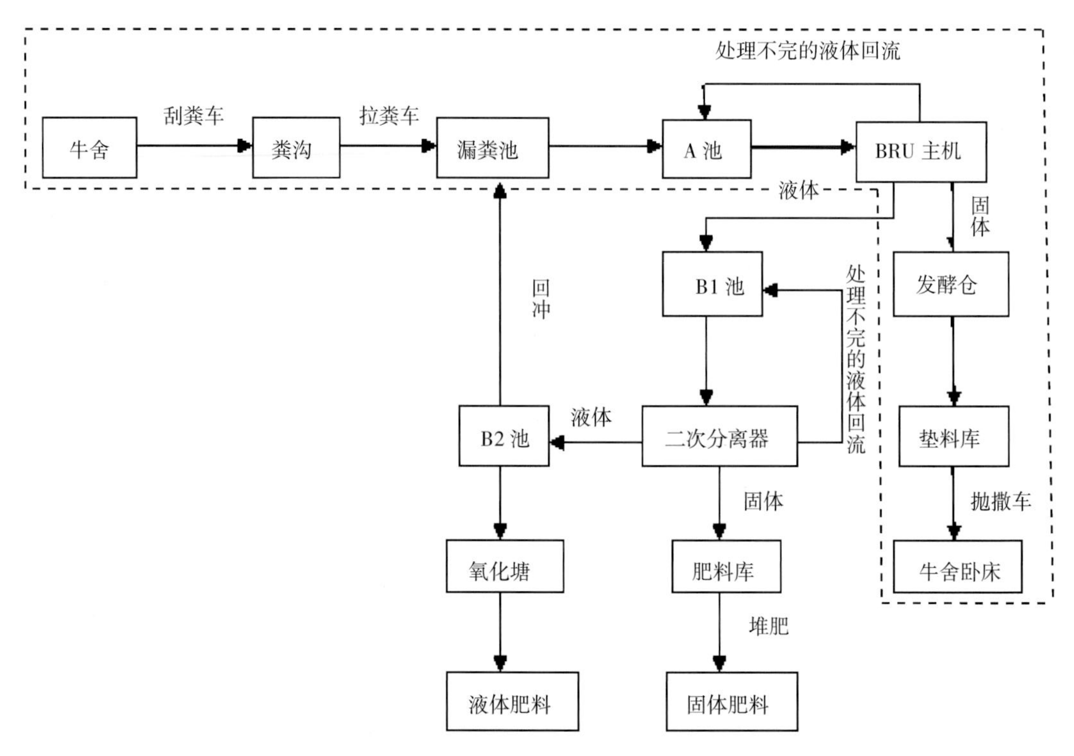

图 2-4-12　BRU 系统粪便处理工艺流程

图 2-4-13、2-4-14 是 BRU 系统的实物图。该系统的主要设备包括牛床垫料再生系统、粪便二次分离系统、储液系统和施肥系统等。

牛床垫料在使用时，可用抛洒车（图 2-4-15）将垫料铺设到牛舍卧床中。

图 2-4-13　BRU 牛床垫料再生系统

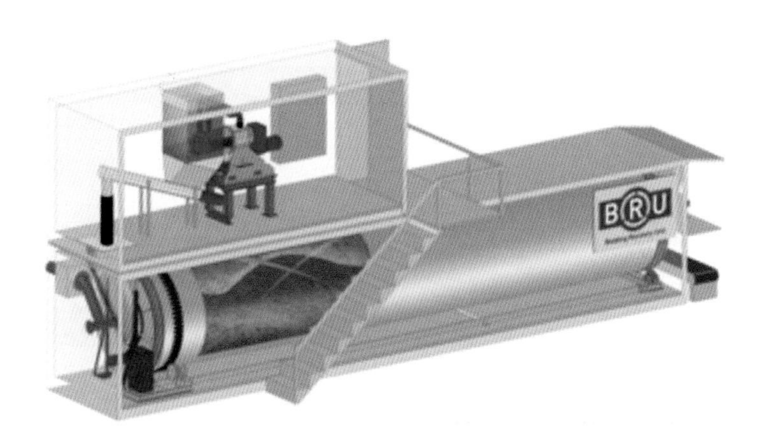

图 2-4-14　BRU- 牛床垫料再生系统工作原理模型

图 2-4-15　牛床垫料抛撒车

3. 注意事项

利用牛粪回用垫料时应及时清除牛舍中新产生的牛粪，以减少新鲜牛粪对牛床垫料的污染；牛床垫料的更换频率控制在每周一次；有条件的奶牛场，适当增加牛粪垫料的好氧或厌氧发酵时间，以最大限度地保证使用牛粪垫料的安全性。

三、栽培基质

畜禽干粪适于作为食用菌基质的养分物质。食用菌的栽培基主要为食用菌的生长提供水分和营养物质等。由于畜禽干粪中含有大量的营养物质和丰富的矿物质元素，故可以使用畜禽干粪作为食用菌的栽培基（表 2-5、表 2-6）。

表 2-5　畜禽干粪中营养物质含量（%）

干粪	粗蛋白质	粗纤维	粗脂肪	粗灰分	有机质	全氮
猪粪	20.1	3.9	20.9	18.5	76.9	3.0
牛粪	13.0	1.4	32.6	25.7	66.3	1.8
鸡粪	28.7	2.8	12.5	21.4	68.2	2.9

表 2-6　畜禽干粪中矿物质元素含量（%）

干粪	全钾	钙	全磷	镁
猪粪	1.01	2.51	1.32	0.79
牛粪	0.99	1.85	0.75	0.45
鸡粪	1.39	7.75	1.21	0.55

畜禽干粪所含的有机氮比例高，占总氮量的 60%~70%，是很好的氮源，但其碳含量相对有限，而蘑菇要求培养料堆制前的 C / N（碳氮比）为 33 ∶ 1，故必须在畜禽干粪中加入碳素含量较高的材料，如稻草或玉米秆，并添加适当的无机肥料。所以，使用畜禽干粪栽培食用菌，首先需对其进行高温干燥等预处理，处理后的干粪物料与传统的食用菌培养基材料，如玉米芯、棉籽壳及作物秸秆等以适当比例相混合，便可以用来制作食用菌的培养基。图 2-4-16 为典型的食用菌—香菇。

图 2-4-16　香菇

利用畜禽干粪与传统食用菌栽培基如玉米芯、棉籽壳、作物秸秆等混合制成新的栽培基来培养食用菌，不仅解决了畜牧场内粪便处理的难题，减少了粪便对环境的污染，且为食用菌的生长提供了丰富的营养物质，使栽培出的食用菌品质更加优良，产量大幅度提高，栽培基的成本也得到降低，提高了养殖场的整体经济效益。

牛粪含有的粗蛋白、粗脂肪、粗纤维及无氮浸出物等有机物质和丰富的氮、磷、钾等微量元素，较适合用来做食用菌的栽培基。使用牛粪作食用菌的培养基时，首先要在牛粪中加入一定的辅料堆制（如秸秆、稻草等）发酵。由于牛粪中含有大量的菌类，在使用牛粪作为栽培基之前，必须要通过暴晒等方式对牛粪进行杀菌灭虫。目前发酵后的牛粪主要用来培养平菇。

使用牛粪栽培食用菌的具体工艺为：先将新鲜的牛粪在强光下暴晒 3~5 天，直至牛粪表面的粗纤维物质凝结成块，或是通过固液分离后的固体物料可用来作食用菌的栽培基。然后在牛粪中加入含碳量较高的稻草或秸秆以调节碳氮比，再添加适当的无机肥料、石膏等，使用捶捣等方式将其充分进行混合。最后将牛粪混合物进行堆制发酵，直至水分为 60%~85% 时，即可作为培养基栽培食用菌。如图 2-4-17 所示，使用牛粪混合物栽培食用菌。

图 2-4-17　牛粪混合物栽培食用菌

四、养殖蚯蚓

蚯蚓是一种杂食性的环节动物，俗称“地龙”，或称曲蟮，属环节动物门，寡毛纲。蚯蚓属变温动物，且雌雄同体，异体受精，主要以土壤中的腐烂物质为食，如腐烂的落叶、枯草、蔬菜碎屑、作物秸秆、畜禽干粪、瓜果皮等。

蚯蚓吞食畜禽干粪，将其转化为被植物吸收利用、质地均匀、无臭、与泥土可较好地相混合的有机质，且其自身具有较高的经济价值，抗病力和繁殖力都很强，生长快、对饵料利用率高、适应性强、容易饲养，故在畜禽场粪便处理中可以将畜禽干粪作为培养基饲养蚯蚓，再将蚯蚓加工成动物蛋白饲料，从而实现畜禽场粪便的有效利用。研究显示，1

亿条蚯蚓一天可吞食 40~50 吨垃圾，排出 20 吨蚓粪。

蚯蚓堆制处理畜禽粪便的原理是通过蚯蚓的消化系统，在蚯蚓砂囊的机械碾磨作用和肠道内蛋白酶、脂肪酶、纤维酶、淀粉酶等生物化学作用下进行分解转化，将有机废弃物转化为自身或其他生物易于利用的营养物质，从而达到畜禽粪便无害化和资源化的目的。利用蚯蚓处理有机废弃物，既可以生产优良的动物蛋白，又可以生产肥沃的生物有机肥。该技术工艺简便，费用低廉，能获得优质有机肥和高蛋白饲料，且不与其他动物争饲料，不产生二次废物，不形成二次环境污染，蚯蚓的养殖周期短、繁殖率高、饲养简单、投资小、效益高。

蚓粪是高效的有机肥，氮、磷、钾和有机质极为丰富，例如经蚯蚓处理的牛粪中矿质氮、速效钾、微生物数量（细菌、真菌和放线菌等）、碳氮和酶活性等均要高于自然堆制腐熟牛粪，且具有干净卫生、无异味、通风透气性好、保水保肥性好等特点，可作为种植蔬菜、花卉、果树、烟草等的优质有机肥料，且对环境不产生二次污染。

蚓体本身可作为高蛋白的饲料，饲喂鱼、虾及禽类等，并且有较高的药用价值，例如从蚯蚓中提取的蚓激酶可以作为防治疾病的药品或保健品。如图 2-4-18 所示，蚯蚓可用来饲喂家禽。

图 2-4-18　蚯蚓作为鸡饲料

赤子爱胜蚓是畜禽粪便处理中常用的品种之一（图 2-4-19）。其具有生长快、繁殖率高、具有易吞食有机物、对饵料利用率高、适应性强、且蚓体肉质肥厚、营养价值高等特点。

图 2-4-19 赤子爱胜蚓

（一）养殖蚯蚓所需环境条件

保证蚯蚓正常生长与繁殖是蚯蚓进行粪便处理的前提条件，蚯蚓的生长繁殖除与自身品种有关外，还受到畜禽粪便种类、C/N 值、温度、湿度、接种密度及 pH 值等因素的影响。在各种因素都处于适宜的范围时，温度和接种密度是影响蚯蚓增长和繁殖及处理效果的最主要因素。

1. C/N

畜禽粪便 C/N 值对蚯蚓生长和繁殖具有重要影响，其 C/N 值可通过添加稻草、秸秆和锯末等进行调整，C/N 值过高，氮素营养少，蚯蚓发育不良，生长缓慢；C/N 值过低，氮素含量高，容易引起蛋白质中毒症，导致蚓体腐烂，因此，C/N 值是反映蚯蚓处理适应性的综合指标。适宜的物料 C/N 范围分别是猪粪 24.3~18.2，鸡粪 18.9~16.1，牛粪 24.7~19.4；待处理物料 C/N 值为 25 时，可以获得最高的生殖率以及最高的摄食能力，而且堆制后的产物具有较高的肥力并对环境污染最小。

2. 温度

温度对蚯蚓的繁殖率和蚓茧的孵化率具有一定的影响，控制适宜的温度可以提高其生长、繁殖和粪便处理等效率。蚯蚓生长温度范围在 12~30℃，最佳温度为 15~25℃，因此，在炎夏和寒冬，要求分别采取降温和保温措施。在北方地区开放式饲养蚯蚓能够保证蚯蚓的温度要求，但粪便中的水分很快会蒸发，如果塑料薄膜覆盖，能够保住湿度，但可能会使温度升高，给蚯蚓的生存带来危险，因此，可以在暖棚内进行蚯蚓饲养。

3. 湿度

多数蚯蚓属于湿生动物，适当的湿度是维持其体液平衡、酸碱平衡、代谢平衡的基本保证。蚯蚓能够适应的湿度范围为 30%~80%，最适宜的湿度范围为 60%~70%，在生长期要求粪便含水率为 70% 左右，繁殖期为 60%~66%。

4. 接种密度

接种密度为 8 条 /250 克 (湿重，含水率 70%)，蚯蚓的接种密度决定着处理效率，在一定范围内，随着蚯蚓的接种密度增加粪便处理效率也相应提高，但若种群密度过大，蚯蚓体之间会发生食物和生存空间的争夺，相互抑制，影响其生长和繁殖，甚至出现逃跑的现象，进而影响处理效果。因此，保持适宜的接种密度，有利于提高蚯蚓的生长率、繁殖率和粪便的处理效率。研究认为，蚯蚓投加密度为 1.6 千克 / 平方米、喂食速度为 1.25 千克 /（千克·天）时蚯蚓的生物转化效率最高，而同样投加密度下喂食速度为 0.75 千克 /（千克·天）时堆肥产物稳定化效果最佳。

5. pH 值

蚯蚓对生长和繁殖环境有一定的酸碱度要求，过高或过低均会影响其活动能力及肥料质量。蚯蚓的最适生长 pH 值是 8~9，最适繁殖 pH 值是 6~9，畜禽粪便自身 pH 值基本接近中性，但如果过碱可用磷酸二氢铵进行调整，过酸可用 2% 石灰水或清水冲洗调整。

6. 其他

蚯蚓在处理畜禽粪便过程中，除受以上主要因素的影响以外，粪便的种类、发酵程度、含有的重金属、抗生素等有毒有害物质，以及在高温条件下，蚯蚓处理过程中易产生对蚯蚓有危害作用的氨气和硫化氢等气体，影响蚯蚓的生长和繁殖，阻碍对畜禽粪便的处理。因此，在加入蚯蚓处理畜禽粪便前，要根据畜禽粪便的实际情况控制好环境因素，处理猪粪和鸡粪必须对粪便做堆肥处理，而牛粪则不需做堆肥处理。

（二）养殖蚯蚓流程

1. 场地容器选择

蚯蚓可建池饲养或容器饲养。建池饲养时，在地面挖出大小合适的坑，做到防逃、放积水即可；用容器饲养时，可以选择木箱、篓、缸等培养容器或进行室内堆料饲养。由于蚯蚓喜欢潮湿、温暖且通风良好的环境，在使用木箱作为培养容器，可在木箱底部钻一些密集的小孔，小孔的直径不宜过大，保证水可滤过即可，若小孔孔径过大，则蚯蚓易逃跑。

2. 准备饲养原料

牛粪、农作物秸秆、果皮果渣和蘑菇渣等均可用来饲养蚯蚓。研究显示，混合配比原料中牛粪（10%）、猪粪（20%）、平菇渣（20%）和 0.5%EM 菌剂有助于蚯蚓的生长和繁殖（戴孟南等，2014）。鲜牛粪和干牛粪经一定处理后，都可用来做蚯蚓的培养基。

3. 制作饲养床

将烘干的牛粪及其他原料进行机械粉碎，然后平铺在木箱表面。注意制作饲养床时，平铺的牛粪厚度不宜过厚。

4. 养殖条件

蚯蚓是喜温动物，适宜的生活温度为 15~25℃，最适宜的温度为 20℃，喜欢在较为湿润的环境下生存，适宜在弱碱性环境下生长繁殖，饲养基的适宜 pH 值为 8~9。以大平 2 号赤子爱胜蚓为例，其饵料 pH 值为 8~8.5，其中鲜牛粪的含水率为 70%，腐熟鸡粪的含水率为 65%，温度为 20~25℃，接种密度为 8 条 /250 克（湿重，含水率为 70%），在条件允许的情况下，接种 EM 菌会使蚯蚓的繁殖效果更好（王志凤等，2007）。

5. 投放种苗

首先将饲养床刨疏松，然后一次性用水浇透饲养床，最后将蚯蚓放在饲养床的表面，盖上草料垫子。注意饲养密度要适宜，不要放过多蚓种，以防饲养密度过大，影响蚯蚓正常的生长繁殖，蚓种放置也不宜过少，否则浪费饲养空间。品种可以选择大平 2 号、北星 2 号等。

6. 日常管理

早期饲养时，要间隔一天或两天便观察一次饲养床。如发现蚯蚓有向外逃跑的现象，则检查饲养床的湿度及木箱中的牛粪量。饲养一段时间后，可 3~5 天检查一次饲养床。注意观察蚯蚓的生长及生殖发育状况，根据饲养情况，适时适当进行调整。一般每 20 天加料一次。以牛粪作为蚯蚓的饵料，适时适量为蚯蚓添加饵料，以保证蚯蚓有足够的食物。每 40 天一周期，一年可养 9 批。

蚯蚓为雌雄同体，异体受精。性成熟的蚯蚓每隔七八天产卵一次。卵茧 15~20 天可孵化出幼蚓。一个卵茧可孵出三四条小蚯蚓，2~3 个月成熟，4~6 个月可繁殖 10 倍。

五、养殖蝇蛆

蝇蛆养殖可以将畜禽粪便中的有机物进行分解，产生的蝇粪可作为土壤的有机肥直接施用于农业种植中，蝇蛆则可作为畜禽的优质蛋白饲料（图 2-4-20）。如图 2-4-21 所示，使用蝇蛆来饲喂雏鸡。

选择家蝇来处理畜禽粪便的优点是家蝇的繁殖能力强，产卵量高，食性杂，适应能力强，且蛆体肥大，富含动物蛋白等。

图 2-4-20　幼年蝇蛆

图 2-4-21　雏鸡啄食蝇蛆

（一）蝇蛆饲养方法

近年来，利用蝇蛆转化畜禽粪便的技术不断成熟。蝇蛆对环境的适应能力较强，为使成蝇大量繁殖蝇卵，根据其生物学特性，应将蝇蛆的饲喂环境标准设置为温度 30~35℃，湿度 65%~70%。由于其趋光性，故需在饲喂装置中设简单的遮光设备。

1. 平养

蝇蛆最简单的饲养方法是找一块地面，整平夯实后加上粪便，在上面做一个覆盖粪便的支架，以遮日光。粪面上喷洒 3‰的氨水，引野外苍蝇前来产卵，24 小时后支架四周用薄膜覆严，并根据情况向粪面喷水，4 天后 1 平方米可产蛆 0.5 千克。然后用培养池，铺上 5~6 厘米的培养料层，接上虫卵。一般每平方米可采收 4 千克左右的活幼虫。

2. 笼养

利用笼养种蝇集中产卵，然后将卵接种到粪便上育蛆，可集约产蛆，用光照法分离获取纯蛆，一般每千克粪可产 0.15~0.5 千克蝇蛆。在冬季如果温度在 20℃以上，光照达 8 小时，成蝇可正常产卵，其蛆可正常生长，因此可周年生产。

3. 房养

利用房养技术饲养蝇蛆时，蝇房要选择在阳光充足，通风良好的房间。王芳等（2010）的研究显示，蝇房的朝向最好为南北朝向，北面为封闭式的走道，中间为操作间，前后开门。蝇房的北面开门，南面留窗，设纱门、纱窗、排风扇。此种蝇房背面的走道可以有效阻止成蝇外逃，冬季还可缓解北风侵袭，有利于保持室温。房养成蝇的饲养量比同条件下笼养成蝇的饲养量高 33.7%，能够更有效的利用空间。

（二）蝇蛆饵料制作

蝇蛆食性较杂，猪、牛、鸡等的粪便经简单发酵后均可作为蝇蛆的饵料。蝇蛆饲料的调制方法比较简单，常用的有以下 2 种：① 经自然脱水发霉发酵的鸡粪 3 千克，米糠 2 千克，搅拌均匀。② 猪粪 35%，鸡粪 65%（也可各 50%），加水混拌均匀，使其含水量达 65%~75%，经 24 小时发酵腐熟即可应用。

（三）蝇蛆养殖价值

1. 蝇蛆利用价值

蝇蛆可作为理想的动物性蛋白饲料，含有丰富的粗蛋白、必需氨基酸、微量元素、脂肪及 B 族维生素。

鲜蛆可直接作为饵料，用于饲喂幼体阶段的畜禽和喜食活饵料的鱼类等。

蝇蛆烘干后制成蛆粉，可作为动物的生长剂，其育肥效果非常良好。

用 10% 的家蝇幼虫粉配于混合饲料中饲喂蛋鸡，其产蛋率比饲喂同等数量的国产鱼粉的产蛋率可提高 19.5%，饲料转化率提高 15.8%，成本降低 10%。

2. 蛆粪利用价值

分离蝇蛆后剩余的蛆粪蓬松、无臭味、不再招引苍蝇，是优良的生物有机肥料。根据日本菲尔德公司的试验显示，蛆粪肥效长、无臭味、土壤改良效果明显，能克服连作障碍和防止土壤酸化，使用蛆粪作为肥料的作物具有生长良好、根系发达、发病少、落花落果少、结实增加、果实品质优良等特点。

六、用作燃料

（一）生产沼气

沼气生产指厌氧细菌在适宜的环境条件下（适宜的温度、酸碱度、空气含氧量等），利用粪便中的有机物质，进行分解，同时产生甲烷等气体的过程。其工艺流程如图 2-4-22 所示。

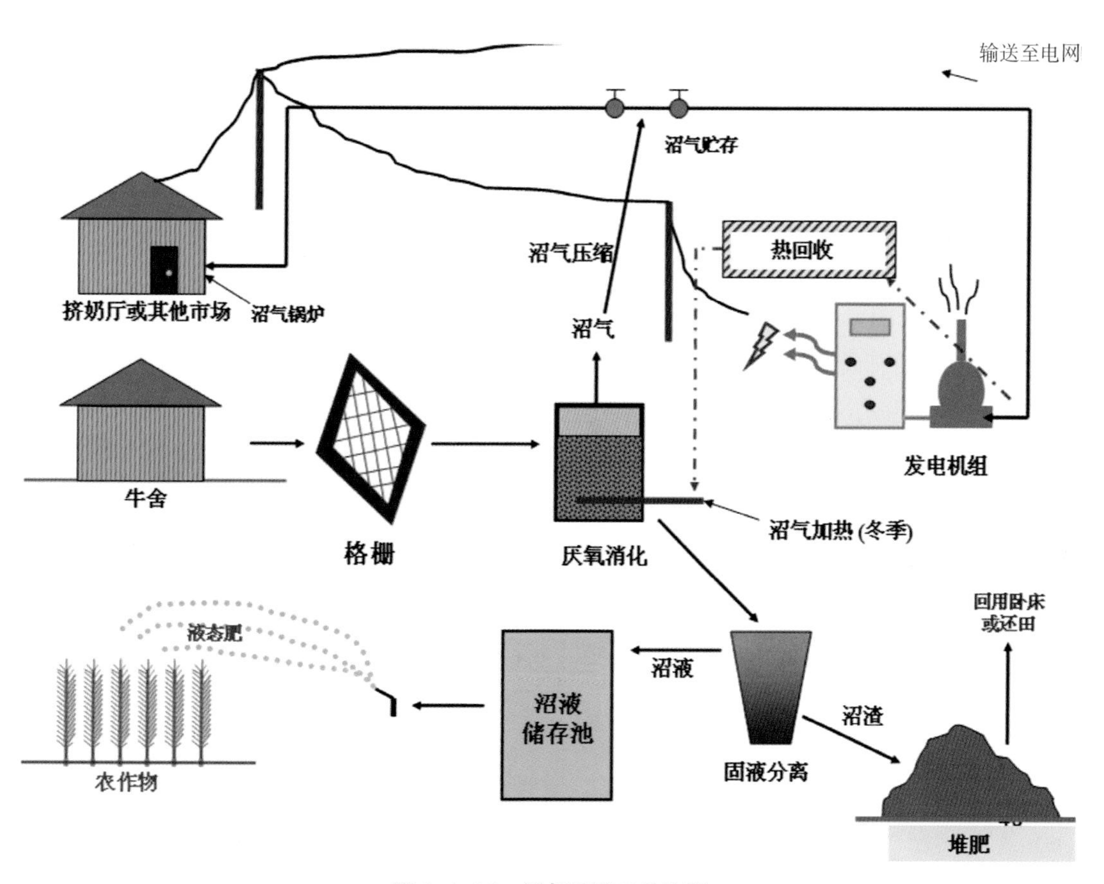

图 2-4-22　沼气处理工艺流程

为提高畜禽粪便的利用效率，可使用沼气工程进行处理。经沼气工程处理后的沼渣可以用作垫料或肥料，沼液可以回冲粪沟，同时产生的沼气可以用作清洁能源，供畜禽场进行发电或作为热源使用，以解决畜禽场自身的能源需求。

沼气发酵的过程可以分为 3 个阶段，即液化阶段、产酸阶段和产甲烷阶段。沼气发酵的基本原理为：第一阶段，厌氧菌在沼气池中适宜的环境条件下 [C/N 为 20~30∶1，酸碱度为 6.5~7.5，温度为 10~60℃] 分泌胞外酶，利用酶的分解作用将难溶解的有机物分解为溶解性物质；第二阶段，产氢菌、产醋酸菌利用中间产物，如丙酸、丁酸、乳酸等，将其水解为乙酸和氢；第三阶段，产甲烷菌将乙酸等有机酸分解为甲烷和二氧化碳等物质。

目前，我国建造的沼气工程中，常规的工程工艺包括：前处理装置、厌氧消化器、沼气收集贮存及输配系统、沼气后处理装置、沼渣处理系统等。常见的沼气工程处理工艺有：全混合式沼气发酵装置、塞流式发酵工艺、上流式发酵工艺等。因不同清粪方式下收集到的粪便物理性质不同，对后处理有一定影响。如很多畜禽场主导的清粪方式属于干清粪工艺，总固形物（TS）含量高，为 15%~22%。而我国常用的能源化利用的沼气发酵方式属湿式发酵技术，通常的做法是稀释至 6%~8% 的 TS，增加了粪便的处理量。牛粪中纤维含量高，且由于牛场垫料的使用，粪便中含有大量沙子、秸秆等杂物，增加了粪便处理的难度，也容易发生泵堵塞导致无法正常进料。因此，干清粪工艺采用沼气时可进行适当的固液分离，粪便分离后一部分进行有机肥发酵或作为垫料回用，另一部分用于产沼气。

对于粪便经发酵处理实现能源化利用效果较为理想的是一些规模超大的猪场及牛场。由于这些场日产粪便量大，且场内对能源的需求量也大。为降低对外部能源（电力）的依赖，这些场都以沼气能源化利用作为粪便处理的重要目标。在获得充分能源的同时，将处理后的沼渣、沼液再循环利用。也有一些牧场，沼气发酵并不以产气为目标，对于这些场，最好在开始时使用自动刮粪系统清粪，经过干湿分离，固体堆积发酵后用于生产有机肥和垫牛圈或还田，液体部分再进行沼气发酵。

以现代牧业为例，在已建成的 22 个万头以上牧场中，都采用了沼气工程对粪便进行厌氧发酵，发酵后产生沼气用来发电，沼渣经固液分离后固体物料用来做牛床垫料，液体则用作肥料还田。如图 2-4-23 所示，现代牧业奶牛养殖场粪便管理工艺流程图。

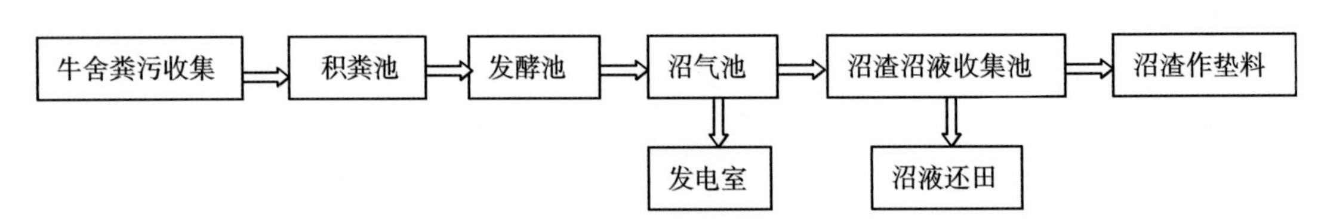

图 2-4-23　现代牧业奶牛养殖场粪便管理工艺流程

就总体而言，粪便沼气工程以能源产出为主要目的，用于提供企业内部用能用电。但因得不到足够的土地支持，很难展开实施“畜—沼—电—农”一体化运作模式，从生产结构上制约了农牧生产的有机结合。大多数沼气工程后续无沼液处理工艺，将沼液直接排放，造成了周围土壤和水域污染。目前，沼液处理多采用厌氧与好氧相结合的工艺，流程长，工程投入大，能耗较高，处理效果不尽理想，易造成二次污染。一些企业也考虑了沼液回用，但还存在以下问题：如有些企业将沼液经沉淀后的上清液用于回冲水，但若没有经过杀菌消毒，易污染奶牛场，造成疫病传播风险；有的企业将沼液制成液体生物肥料，但相关产品尚无具体的使用标准和应用效果评价体系。虽然目前有企业推广期沼液产品，但农户的使用积极性普遍不高，也缺乏沼液运输与施用相关设备及政府财政补贴。

（二）制作固体燃料

由于猪粪和鸡粪等家畜家禽的粪便在燃烧后会产生恶臭气体，对环境造成危害。因此，我们仅使用含粗纤维物质较多的牛粪作为固体燃料的原料物质。

1. 牛粪压块成碳棒

将牛粪干燥后，与秸秆、薪柴、粉碎的煤等按照一定比例掺混后，加入添加剂、固硫剂等，利用木质素、纤维素、半纤维素等的粘结作用，经过成型机压制而成牛粪固体燃料棒。这种产品燃烧时火苗高、无气味，完全燃烧后灰烬细腻，大气污染物排放量少，可代替煤作为取暖炉的燃料，是一种新型的农村生物质燃料。在每年节约近千吨燃煤的同时，又解决了令人头疼的牛粪便染难题。

牛粪压块成碳棒的制作工艺流程为：牛粪便经固液分离后的固体经过堆粪发酵，除去部分水分，然后在晾晒大棚晾晒风干后，与秸秆、薪柴、粉碎的煤等按照一定比例掺混，再加入添加剂、固硫剂等，机械搅拌混合均匀后，进入牛粪压制成型车间，制作成条形燃料棒，作为冬季燃料使用。如图 2-4-24 所示，为牛粪压块成碳棒的工艺流程图。牛粪压块成碳棒的主要设备如图 2-4-25 所示。

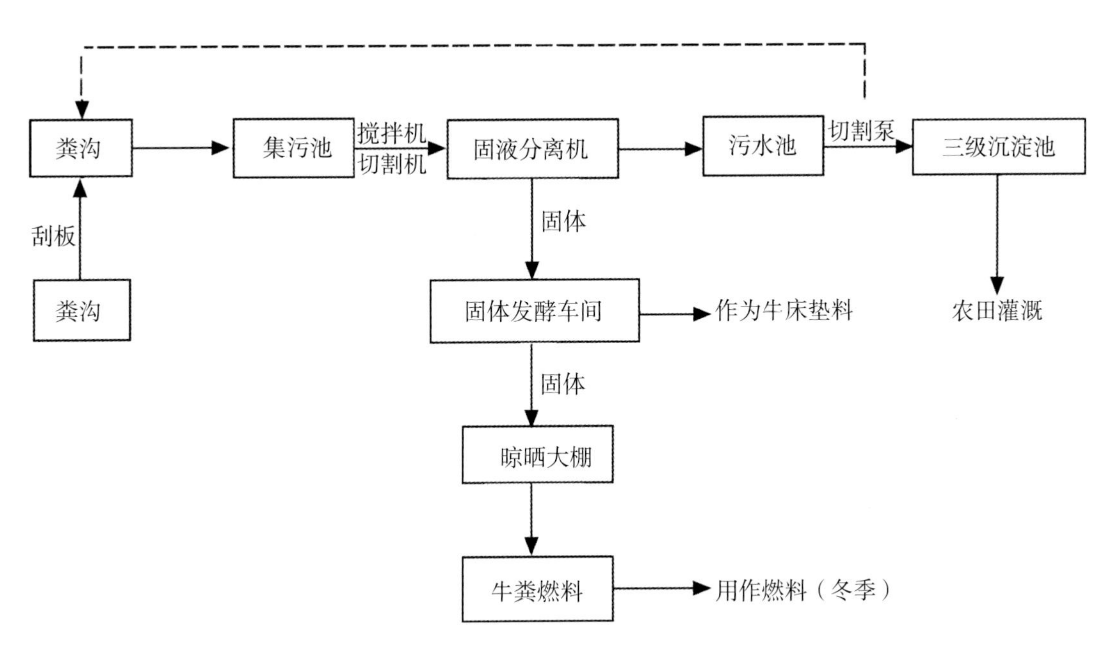

图 2-4-24 牛粪压缩成固体燃料流程

图 2-4-25　牛粪生物质燃料压块机

牛粪的热值为煤的 0.7~0.8 倍，即 1.3 吨的牛粪成型燃料块相当于 1 吨煤的热值，牛粪成型燃料块在配套的下燃式生物质燃烧炉中燃烧，其燃烧效率是燃煤锅炉的 1.3~1.5 倍，因此 1 吨牛粪成型燃料块的热量利用率与 1 吨煤的热量利用率相当。经检测牛粪含硫 0.16%~0.22%，远低于煤 1%~3%，是一种安全环保的清洁能源。燃烧后的废气排放无 CO，NO_2 约 14 毫克 / 立方米，SO_2 约 46 毫克 / 立方米，烟尘低于 127 毫克 / 立方米，远低于国家标准，所以被称为零排放能源。

将牛粪加工成固体燃料块，其优点是：成本低、附加值高，燃尽率可达 96%，燃烧后灰烬含镁、钾、钠等元素，是上好的无机肥料，实现了“牧草养牛，牛粪作燃料，燃料燃烧后产生的灰烬作肥料，肥料丰富牧草产量，牧草又可用来养牛”的有效循环；牛粪压制成的碳棒密度为 0.8~1.3 克 / 立方厘米，占地少，方便运输、储存；属绿色能源，清洁环保。

2. 牛粪制作蜂窝煤

利用牛粪制作蜂窝煤，可解决养牛集中区域的粪便污染问题，同时可提供丰富的蜂窝煤燃料（图 2-4-26）。研究表明，将牛粪和原煤粉按 3∶1 的比例，加 3% 的助燃剂、10% 的煤料添加剂和适量的黏土，加一定量的水混合搅拌，制作成的蜂窝煤，不仅可以缓解牛场粪便污染问题，且燃料在使用过程中，安全、卫生、无尘、污染小；与传统燃料原煤相比，含硫量较低；掺有牛粪的蜂窝煤燃烧时间长、热值高，且价格低、使用方便（郭木金等，2009）。

图 2-4-26　用牛粪制作的蜂窝煤

第五节　粪水处理与利用

固液分离形成的粪水经深度处理后用于场内粪沟或圈栏等冲洗。在处理方法上，应本着减少投资、节约能耗、因地制宜的原则，采用物理的、化学的和生物的方法进行多级处理。粪水处理可采用厌氧与好氧相结合的组合处理技术、膜生物反应器处理技术或者人工湿地 + 氧化塘处理技术。

一、粪水处理技术

（一）升流式厌氧污泥床反应器（UASB）

对于较低浓度的畜禽养殖粪水的厌氧处理，首先采用升流式厌氧污泥床反应器（UASB）进行处理，出水再通过好氧工艺技术进一步处理。

1. UASB 反应器的进水条件

UASB 反应器的进水条件要求，如果不能满足进水要求，宜采用相应的预处理措施。具体要求如下。

（1）pH 值在 6.0~8.0。

（2）常温厌氧发酵温度在 20~25℃，中温厌氧发酵温度在 35~40℃，高温厌氧发酵温度在 50~55℃。

（3）营养组合比（COD_{Cr} ：氨氮：磷）为（100~500）：5：1。

（4）BOD_5/COD_{Cr} 的比值不低于 0.3。

（5）进水中悬浮物含量最好不大于 1 500 毫克 / 升。

（6）进水中氨氮浓度不大于 2 000 毫克 / 升。

（7）进水中 COD_{Cr} 浓度大于 1 500 毫克 / 升。

（8）严格控制重金属、氰化物、酚类等物质进入厌氧反应器的浓度。

2. UASB 反应器的工艺流程

UASB 处理粪水的工艺流程如图 2–5–1 所示，其中，预处理包括格栅、沉砂池、沉淀池、调节池、酸化池及加热池等。

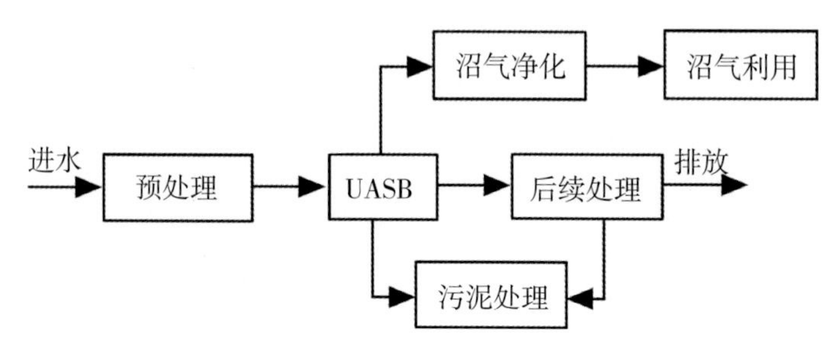

图 2–5–1　UASB 处理粪水的工艺流程

3. UASB 反应器的池体容积

UASB 反应器的池体容积可采用容积负荷法，按如下公式进行计算。

$$V=\frac{Q\times S_0}{1000\times N_v}$$

式中：V—反应器有效容积，立方米；

Q—UASB 反应器设计流量，立方米 / 天；

N_v—容积负荷，千克 COD_{Cr}/（立方米・天）；

S_0—UASB 反应器进水有机物浓度，毫克 COD_{Cr}/ 升。

反应器的容积负荷最好通过试验或参照类似工程确定，在相关数据缺少情况下可参照文献数据确定。处理中、高浓度粪水的 UASB 反应器设计负荷可参考表 2–6。

表 2–6　不同条件下絮状和颗粒污泥 UASB 反应器采用的容积负荷

废水 COD_{Cr} 浓度	在 35℃采用的负荷 [千克 COD_{Cr}/(立方米・天)]	
	颗粒污泥	絮状污泥
2 000~6 000	4~6	3~5
6 000~9 000	5~8	4~6
>9000	6~10	5~8

* 注：高温厌氧情况下反应器负荷宜在本表的基础上适当提高

UASB 反应器工艺设计应具备可灵活调节的运行方式，且便于污泥培养和启动。反应器的最大单体体积最好控制在 3 000 立方米之内，反应器内粪水深度通常在 5~8 米，并将粪水的上升流速控制在 0.8 米 / 小时之内。

UASB 反应器的建造材质可以采用钢筋混凝土、不锈钢、碳钢等材料，但反应器需要进行防腐处理，尤其是北方地区的反应器还需进行保温处理。混凝土建造的 UASB 反应器可在气液交界面上下 1.0 米位置采用环氧树脂防腐，碳钢结构可采用可靠的防腐材料。钢制 UASB 反应器保温常用聚苯乙烯泡沫塑料、聚氨酯泡沫塑料、玻璃丝棉、泡沫混凝土、膨胀珍珠岩等。

4. UASB 反应器结构特点

UASB 反应器主要由布水装置、三相分离器、出水收集装置、排泥装置及加热和保温装置等部分组成，其结构示意图见图 2–5–2。

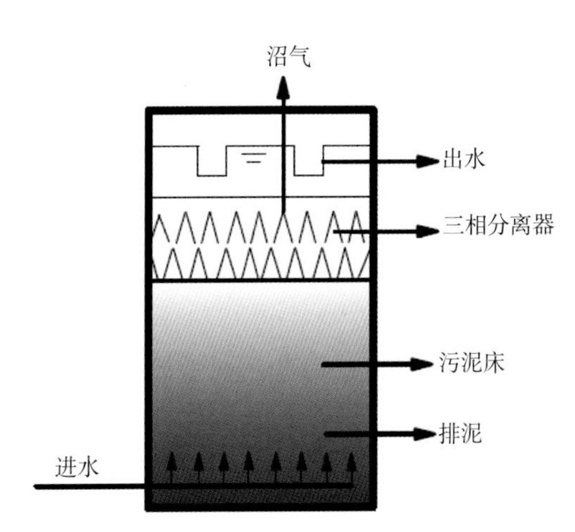

图 2–5–2 UASB 反应器结构示意图

UASB 反应器布水装置。UASB 反应器通常采用多点布水装置，进水管负荷可参照表 2–7，布水装置通常采用一管多孔式、一管一孔或枝状布水形式。一管多孔式布水装置的穿孔管直径大于 0.1 米；枝状布水的出水管孔径在 15~25 毫米，出水孔处设置 45° 斜向下的导流板，使出水孔正对池底。布水装置进水点与反应器池底的距离保持在 0.15~0.25 米，枝状布水支管出水孔向下距池底保持在 0.2 米。

表 2–7 USAB 布水装置的进水管负荷

典型污泥	每个进水口负责的布水面积（平方米）	负荷 [千克 COD_{Cr}/(立方米・天)]
颗粒污泥	0.5~2	2~4
	>2	>4
絮状污泥	1~2	<1~2
	2~5	>2

三相分离器。三相分离器可采用整体或组合形式，沉淀区的表面负荷应小于 0.8 立方米 /(平方米・小时)，沉淀区水深不大于 1.0 米。出气管的直径要保证从集气室引出沼气，集气室的上部应设置消泡喷嘴。三相分离器可采用高密度聚乙烯（HDPE）、碳钢、不锈钢等材料，如采用碳钢则需进行防腐处理。

出水收集装置。出水收集装置设置在 UASB 反应器顶部，出水管道可采用聚氯乙烯（PVC）、聚乙烯（PE）、聚丙烯（PPR）等材料。断面为矩形的反应器出水最好采用几组平行出水堰的出水方式，断面为圆形的反应器出水则可采用放射状的多槽或多边形槽出水方式。集水槽上需要加设三角堰，堰上水头大于 25 毫米，出水堰口负荷不大于 1.7 升 /（秒·米）。

排泥装置。UASB 反应器的污泥产率为 0.05~0.10 千克 VSS/ 千克 COD_{Cr}，排泥频率需要根据污泥浓度分布曲线确定。应在不同高度设置取样口，根据监测污泥浓度制定污泥分布曲线。UASB 反应器最好能采用重力多点排泥方式，排泥点设置在污泥区中上部和底部，中上部排泥点设在三相分离器下 0.5~1.5 米处。排泥管管径应大于 0.15 米；底部排泥管可兼作放空管。

5. UASB 反应器启动和运行

UASB 反应器可采用絮状污泥启动和颗粒污泥启动。

以絮状污泥启动，UASB 反应器的启动周期较长，一旦启动完成，停止运行后的再次启动可迅速完成；UASB 反应器的启动负荷应小于 1 千克 COD_{Cr}/（立方米·天），上升流速应小于 0.2 米 / 小时，进水 COD_{Cr} 浓度大于 5 000 毫克 / 升时应采取出水循环或稀释进水措施。应逐步升温（以每日升温 2℃为宜）使 UASB 反应器达到设计温度；出水 COD_{Cr} 去除率达 80% 以上，或出水挥发酸浓度低于 200 毫克 / 升 后，可逐步提高进水容积负荷；负荷的提高幅度宜控制在设计负荷的 20% ~30%，直至达到设计负荷和设计去除率；进水水力负荷过低，宜采用出水回流的方式，提高反应器内的上升流速，加快污泥颗粒化和优良菌种的选择进度。接种污泥中宜添加少量破碎的颗粒污泥，促进颗粒化过程，缩短启动时间。

以颗粒污泥启动，颗粒污泥接种方式的接种量宜为 10~20 千克 VSS/ 立方米。启动的初始负荷宜为 3 千克 COD_{Cr}/（立方米·天）。处理废水与接种污泥废水性质完全不同时，宜在第一星期保持初始污泥负荷低于 18（最大设计负荷的 50%）。

运行控制。UASB 反应器中碱度（以 $CaCO_3$ 计）应高于 2 000 毫克 / 升，挥发性脂肪酸（VFA）宜控制在 200 毫克 / 升以内；pH 值在 6.0~8.0。

6. UASB 的处理效果

UASB 反应器对养殖粪水中污染物的去除效果如表 2-8 所示。

表 2-8 UASB 反应器对污染物的去除率

化学耗氧量（COD_{Cr}）	五日生化需氧量（BOD_5）	悬浮物（SS）
80%~90%	70%~80%	30%~50%

（二）序批式活性污泥法（SBR）

UASB 厌氧处理出水需进一步进行人工好氧处理以便后续的杀菌处理，人工好氧处理主要依赖好氧菌和兼性厌氧菌的生化作用净化养殖粪水，目前猪场常用的有序批式活性污泥法又称 SBR 法，是活性污泥法的一种，可用于 UASB 厌氧处理出水的进一步处理。由于畜禽养殖粪水中有机物含量高的特点，在实际应用中多采用厌氧 +SBR 相结合的工艺。

序批式活性污泥法（SBR）采用间歇式运行方式，在一个构筑物中反复交替进行缺氧发酵和曝气反应，并完成污泥沉淀作用。SBR 法既能去除有机物，又能去除氮和磷，具有工艺流程简单、投资和运行费用相对较低、占地少、管理方便、出水水质好等特点。

1. SBR 的工艺条件

序批式活性污泥法（SBR）反应单元前应设置配水池，使厌氧出水与水解酸化池的一部分粪水进行混合调配，确保 SBR 工艺进水的生化需氧量与化学需氧量的比值（BOD_5/COD）≥ 0.3。

序批式活性污泥法（SBR）具有脱氮功能。除氨氮时，完全硝化要求进水总碱度（以 $CaCO_3$ 计）/ 氨氮的比值最好≥ 7.14；脱总氮时，进水的碳氮比（BOD_5/TN）最好＞ 4，总碱度（以 $CaCO_3$ 计）/ 氨氮值最好≥ 3.6。

好氧池的污泥负荷应为 0.05~0.1 千克 BOD_5/ 千克 MLVSS · 天，污泥浓度应在 2.0~4.0 克 MLSS/ 升。

2. SBR 的结构组成

序批式活性污泥法（SBR）工艺是通过在时间上的交替来实现传统活性污泥法的整个运行过程，它在流程上只有一个基本单元，即将调节池、曝气池和二沉池的功能集于一池，进行水质水量调节、微生物降解有机物和固液分离等。经典 SBR 反应器的运行过程为：进水—曝气—沉淀—滗水—待机。SBR 工艺是集好氧生化、沉淀与污泥回流于一体的具有脱氮效能的粪水处理工艺（图 2-5-3），不仅具有节省投资、对有机物有较高去除效率的特点，还可在同一反应器内不同时段进行硝化、反硝化过程，完成脱氮过程。因此，在不增加其他设施的条件下，仅仅通过改变运行方式、增加部分设备和材料等工艺条件，就可以进行生物脱氮，有利于降低粪水处理的投资与运转费用。

图 2-5-3 SBR 粪水处理反应装置

3. SBR 的运行及其效果

当 SBR 的进水为厌氧出水：COD 为 1 100~1 600 毫克 / 升，氨氮 650~750 毫克 / 升，采用如图所示 SBR 装置（图 2-5-4）对其进行处理，排水比 0.4，经过约 27 天的驯化后，对 COD 的去除率稳定在 75% 左右、氨氮的去除率达到 98% 以上。出水的 COD 浓度在 300~350

毫克/升，氨氮在7~14毫克/升。对此出水进行杀菌处理后，可回用于猪场圈舍的冲洗。

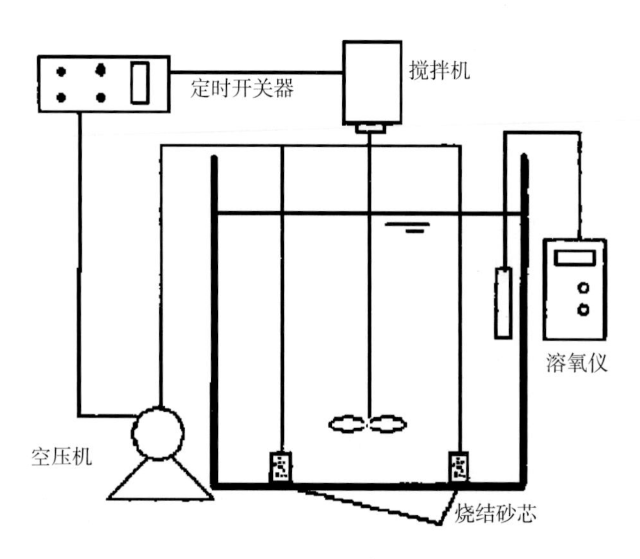

图 2-5-4　SBR 装置示意图

在低C/N粪水的生化处理过程中，由于粪水中有机物含量偏低，粪水内的碳源不能满足反硝化的要求，难以脱氮，会造成在硝化池内亚硝酸盐和硝酸盐的不断积累，硝化和反硝化难以循环完成，最终导致出水NH_3-N和总氮浓度较高。利用SBR工艺处理此类粪水时，通过灵活的运行方式，控制曝气时间、回流比等参数，可以处理C/N在4~5之间粪水，处理出水COD去除率达到97%以上，NH_3-N去除率达到93%以上。

（三）膜生物反应器（MBR）

膜生物反应器（MBR）系统是结合了生物学处理工程和膜分离工程的一种粪水处理方法。其中，生物学处理部分是利用进水中的有机物作为营养源，微生物将其转换成多种气体和细胞组织。膜分离部分利用膜组件进行固液分离，截流的污泥回流至生物反应器中，透过水外排。膜组件是MBR最主要的部分，它是把膜以某种形式组装成一个基本单元，相当于传统生物处理系统中的二沉池，这些膜组件多为过滤精度较高的微滤或超滤膜组件，分离区间一般在0.01~0.1微米，用膜组件来替代传统生物处理中的二沉池也被认为是该项工艺的最大特点。进入MBR的粪水污染物首先将在膜组件中进行生物降解，并由生物反应器内的混合液在膜两侧压力差的作用下，那些不能被微生物降解的有机物和大分子溶质就会被膜截留，从而替代沉淀池完成其与处理出水的分离过程。

1. 膜生物反应器（MBR）的工艺类型

根据膜组件和生物反应器的物理位置不同，可将MBR的工艺类型分为浸没式膜生物反应器（SMBR）、分置式生物反应器（RMBR）和复合式膜生物反应器（HMBR）。

（1）浸没式膜生物反应器。浸没式膜生物反应器（SMBR）是日本学者在1989年开发的，其原理是将膜组件放入反应器内（图2-5-5），真空泵或其他类型泵抽吸，得到过滤液。利用曝气时气液向上的剪切力实现膜面的错流效果，也有采用在浸没式膜组件自身的旋转来实现膜面错流效应。浸没式 MBR 对于处理高氨氮粪水的效果较为明显 SMBR 的反应运行能耗低，设备简单、占地空间小、整体性强，但容易造成污染，膜污染后不容易清洗和更换。

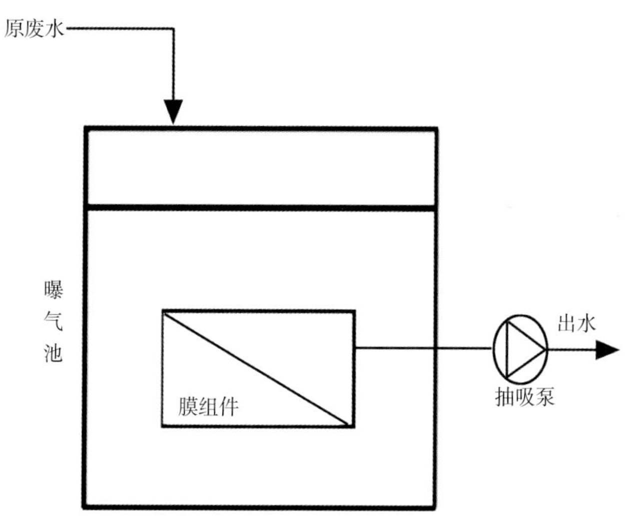

图 2-5-5　浸没式膜生物反应器

（2）分置式膜生物反应器。分置式膜生物反应器（RMBR），又称交叉流式 MBR，它是把膜组件与生物反应器分开设置（图 2-5-6），生物反应器的混合液由泵增压后进入膜组件，在压力作用下膜过滤液成为系统处理出水，活性污泥，大分子物质等则被膜截留，并随着浓缩液回流到生物反应器内。该反应器的膜易于清洗和更换，操作管理简便。不足之处在于其动力消耗大，需要大量的水以循环，造成运行费用高。

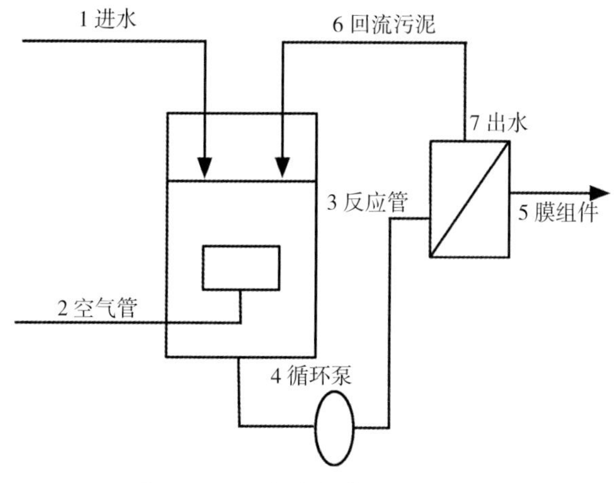

图 2-5-6　分置式膜生物反应器

（3）复合式膜生物反应器（HMBR）。复合式膜生物反应器（HMBR）也属于浸没式膜生物反应器（图 2-5-7），其工艺特点是通过曝气对水流的循环作用实现膜表面截留的污泥与硝化液的自动回流，简化 A/O 系统的运行。所不同的是在生物反应器内加装填料，从而形成复合式膜生物反应器，改变了反应器的某些性状，提高了生物反应器中的污泥浓度，提升了粪水处理效率，在维持膜通量的基础上又可以延缓膜污染。

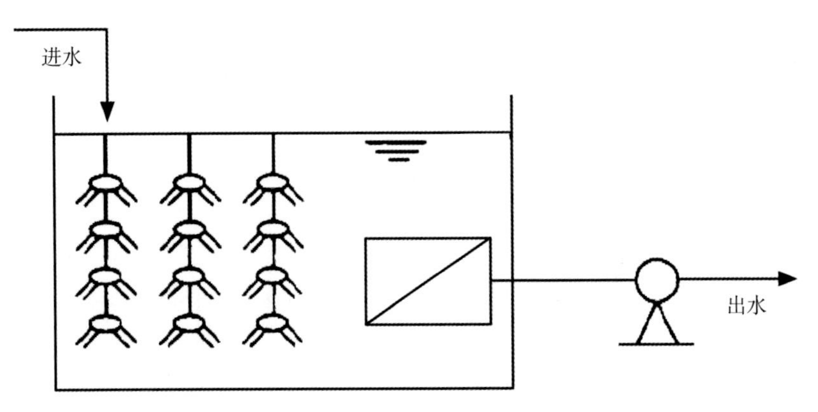

图 2-5-7　复合式膜生物反应器

2. 膜生物反应器的影响因素

由于膜组件浸没在活性污泥中，因此，MBR 工艺运行过程中的影响因素需同时考虑活性污泥和膜组件的影响因素，主要包括化学需氧量 / 总氮（碳氮比）、水力停留时间（HRT）、混合液悬浮固体浓度（MLSS）和膜污染等。

（1）化学需氧量 / 总氮。碳氮比（C/N）的大小，代表着水质的可生化能力，影响水中的硝化反硝化。硝化过程是将水中氨氮转化成硝态氮或者亚硝态氮，反硝化是将硝态氮或者亚硝态氮转化为无机氮的过程，进行反硝化的细菌为异养菌，反硝化需要提供有机碳源，因此粪水的 C/N 比是粪水脱氮的一个主要参数，它直接影响微生物种群，包括自养氨氧化菌、亚硝化细菌、异样反硝化细菌。当 C/N 比为 7 时，粪水的处理效果最好。

（2）水力停留时间。水力停留时间（HRT）的大小是生物处理过程中很重要的一项因素，它不仅决定污染物去除的效果，而且影响膜生物反应器的污染程度、以及反应器的大小和操作成本。采用 MSBR 处理粪水的试验发现，当反应器连续运行 35 天后可以达到稳定的 MLSS 浓度，不同的 HRT 显著影响反应器内 MLSS 浓度（$P<0.05$），HRT 降低，进水有机负荷增加，从而反应器内的 MLSS 浓度越大。

（3）混合液悬浮固体浓度。混合液悬浮固体浓度（MLSS）决定了反应器内的微生物含量，是反应器内微生物含量的一个指示性参数，相对于传统活性污泥法的较低 MLSS（5 000 毫克 / 升），MBR 反应器能维持更高的 MLSS 浓度（8 000~18 000 毫克 / 升）。MLSS 浓度的大小与膜生物反应器的膜通量或者膜压差息息相关，高浓度 MLSS 虽然可以提高容积负荷，但使反应器内部的污泥黏度增加，污泥等极易附着在膜组件形成滤饼层，从而导致 MBR 的膜通量降低，膜污染加剧，降低出水水质，因此，需控制 MBR 稳定在一定范围内。而有的研究发现，在较高的 MLSS 浓度条件下，对膜通量影响不大，但是在较低浓度 MLSS 条件下，与膜通量显著相关。

3. 膜生物反应器的处理效果和适用性

膜生物反应器（MBR）是利用膜材料的透过性能及其附着的微生物对厌氧处理出水中的颗粒、胶体、分子或离子的分离和降解，实现粪水净化，是目前处理出水等级最高的粪水处理方法。当用膜生物反应器处理养殖粪水时，进水 COD 在 1 300~3 000 毫克 / 升、BOD 在 500~1 800 毫克 / 升、氨氮在 160~320 毫克 / 升、SS 在 500~1 000 毫克 / 升，处理出水水质可达到 COD<50 毫克 / 升、BOD<15 毫克 / 升、氨氮 <10 毫克 / 升、SS<10 毫克 / 升。

膜生物反应器（MBR）是一种活性污泥与高效膜分离技术相结合的水处理技术，在粪水处理过程中占很大的优势：生物硝化反硝化的能力强，实现 SRT 和 HRT 的分离，固液分离效率高，含有高浓度的微生物，结构紧凑占地少，无需添加沉淀池，抗冲击负荷能力强。MBR 不仅对悬浮物、有机物去除效率高，而且可以去除细菌、病毒等病原微生物，MBR（微滤膜）对总大肠菌群与粪大肠菌群的灭菌率分别为 99% 以上和 98% 以上，具有极好的杀菌效果。

膜生物反应器的投资和运行成本较高，且膜材料需要进行定期清洗和更换，但占地面积小，而且出水水质好，而且对粪水中的细菌和病毒也有很好的去除效果，该技术适合于土地面积有限且对环境要求高的城市周围养殖场。

总体来看，膜生物反应器（MBR）在粪水处理中具有出水水质好、污染物去除率高、流程简易、占地面积不大、便于管理等特点，具有广阔的应用前景和巨大的市场潜力。

（四）自然处理技术

根据可供利用的土地资源面积和适宜的场地条件，在通过环境影响评价和技术经济比较后，可选用适宜的自然处理工艺。自然处理工艺宜作为厌氧、好氧两级生物处理后出水的后续处理单元。宜采用的自然处理工艺有人工湿地、土地处理和稳定塘技术。

1. 人工湿地

人工湿地处理系统的目的是利用人工湿地的碎石床及栽种的耐有机粪水植物作为生态净化系统，以运行成本低、处理效果好、管理方便的方法，高效处理畜禽粪水。适用于有地表径流和废弃土地，常年气温适宜的地区。

人工湿地由碎石（或卵石）构成碎石床，在碎石床上栽种耐有机粪水的高等植物（如芦苇、蒲草等），植物本身能够吸收人工湿地碎石床上的营养物质，在一定程度上使粪水得以净化，并给生物滤床增氧，根际微生物还能降解矿化有机物。当粪水渗流碎石床后，在一定时间内，碎石床会生长出生物膜，在近根区有氧情况下生物膜上的大量微生物以粪水中的有机物为营养，把有机物氧化分解成二氧化碳和水，把另一部分有机物合成新的微生物，含氮有机物通过氨化、硝化作用转变为含氮无机物，在缺氧区通过反硝化作用而脱氨。因此，人工湿地的碎石床起到生物滤床的高效化作用，是一种理想的全方位生态净化系统。另外，人工湿地碎石床也是一种效率很高的过滤悬浮物的结构，使富含 SS 的畜禽粪水经过人工湿地后水质明显变清，这种物理作用在人工湿地运行初期更加明显（图 2-5-8）。

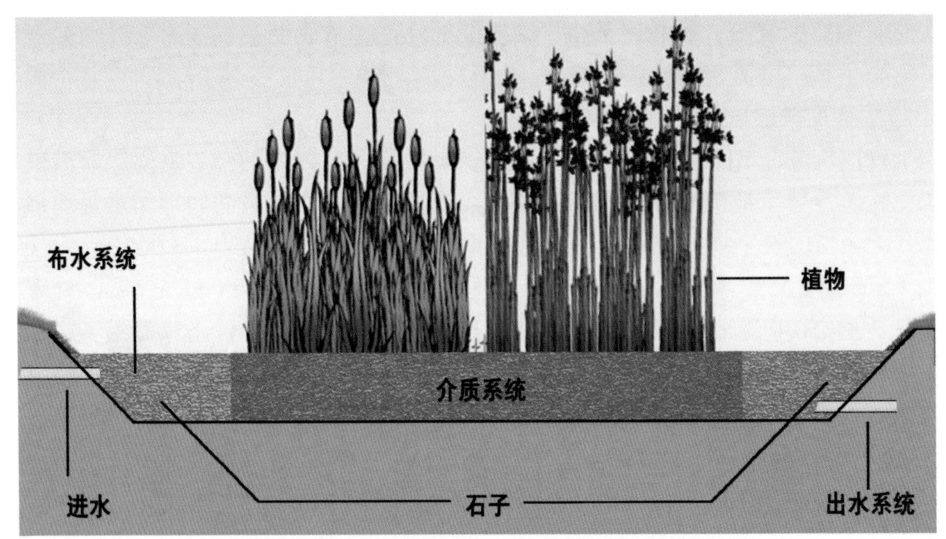

图 2-5-8　水平流式人工湿地剖面示意图

人工湿地技术在国外的应用非常广泛，在国内也已经开始相关的探索研究与应用。但是人工湿地系统对入水水质有一定要求，过高的固体物和有机污染浓度可能导致系统失效，根据美国自然资源保护局建议必须经过予处理，去除沉淀物和漂浮物，BOD_5负荷率应为 0.73 千克 /（公顷 · 天），停留时间不少于 12 小时，故该系统只能作为畜禽场粪水的二、三级处理。该系统通常是几个深 50 厘米的池串联，每池分层铺以粒径不同的砾石或其他填料，并选择适合的湿生植物，北方地区必须采取经济可行的保温措施。

在选用人工湿地技术时，应优化湿地结构设计，慎重选用潜流式或垂直流人工湿地，选用时进水 SS 宜控制为小于 500 毫克 / 升。粪水由进水口一端沿水平方向流动的过程中依次通过砂石、介质、植物根系，流向出水口一端，以达到净化目的。表面流湿地水力负荷宜为 2.4~5.8 厘米 / 天；潜流湿地水力负荷宜为 3.3~8.2 厘米 / 天；垂直流人工湿地水力负荷宜为 3.4~6.7 厘米 / 天。设置填料时，可适当提高水力负荷。冬季保温措施可采用覆盖秸秆、芦苇等植物。

人工湿地系统应根据粪水性质及当地气候、地理实际状况，选择适宜的水生植物。植物选用和搭配很重要，需要注意的是：

（1）植物品种选择。选用的植物应具有良好的生态适应能力和生态营建功能；植物具有很强的生命力和旺盛的生长势；植物必须具有较强的耐污染能力；植物的年生长期长，最好是冬季半枯萎或常绿植物；植物将不对当地的生态环境构成隐患或威胁，具有生态安全性；具有一定的经济效益、文化价值、景观效益和综合利用价值。

（2）植物的科学搭配。将漂浮植物（水葫芦、大漂、水芹菜、李氏禾、浮萍、水蕹菜、豆瓣菜等），根茎、球茎及种子植物（睡莲、荷花、马蹄莲、慈姑、荸荠、芋、泽泻、菱角、薏米、芡实等），挺水草本植物（芦苇、茭草、香蒲、旱伞竹、皇竹草、藨草、水葱、水莎草、纸莎草等）等进行科学合理搭配。

2. 土地处理

土地处理法是指利用农田、林地等土壤微生物、植物构成陆地生态系统对污染物进行综合净化处理的生态工程。目的是采用“节能型”、“生态工程型”的技术，在土地条件适宜的情况下，以投资少、运行成本低的方法处理高浓度的液体粪便。采用土地处理应采取有效措施，防止污染地下水。

土地处理系统的原理是将粪水洒布在土地上，利用“土壤—微生物—植物”组成的生态系统对粪水中的污染物进行一系列物理、化学和生物净化过程，并通过系统的营养物质和水分的循环利用，使绿色植物生长繁殖，使粪水的水质得到净化，从而实现粪水的资源化、无害化和稳定化的处理。

粪水土地处理与工厂化处理工艺有着很大的区别，即前者是“节能型”“生态工程型”的，在土地条件适宜情况下基建投资与管理费用较低，并能进行营养物质与水的内部循环；后者基本上是“耗能型”的，如果能做到出水回用和污泥利用，才能改变这种性质。

按运行方式的不同，土地处理系统可分为慢速渗滤系统、快速渗滤系统、地表漫流系统和湿地系统。

慢速渗滤系统相当于粪水灌溉，适用于渗水性能良好的土壤（如沙质黏土）和蒸发量小的地区，土地上种植农作物，粪水的布洒量应考虑农作物的需要。这种系统可以同时实现粪水的处理和利用，在粪水从土壤缓慢向下渗滤的过程中，农作物吸收其所需的水和养分，粪水则得到净化。

慢速渗滤系统的粪水负荷一般较低，由于渗滤速度慢，粪水在含有大量微生物的土壤中停留时间较长，因此，粪水净化效率高，出水水质优良。

该系统的工艺目标：处理粪水；利用水和营养物质生产农作物；节省优质清洁水，特别对干旱地区可在较大面积上利用有机粪水。

快速渗滤系统是以补给地下水、使粪水再生回用为目的的系统，适用于渗透性能十分良好的土壤（如砂土），其上一般不能种植作物，粪水在地表均匀散布，很快渗入地下，但灌水应间歇进行。本系统要求粪水有较高程度的预处理。

地表漫流系统适用于地面具有 2°~8° 坡度的透水性较差的黏土和重黏土地块，地面上种植牧草或其他作物，粪水在地块高端散布开后，沿地面均匀漫流，在下段设集水渠。本系统净化粪水的效果较差，但对地下水的污染较小。

湿地系统是利用低洼湿地或沼泽地对粪水进行处理的系统，除具有上述土地处理系统的作用外，在水中还可生长藻类和水生植物，形成稳定的水生生态系统。水田也是一种湿地系统。

土地处理的水力负荷应根据试验资料确定。无试验资料时，可按下列范围取值：慢速渗滤系统水力负荷 0.5~5.0 米 / 年，地下水最浅深度不宜小于 1.5 米；快速渗滤系统水力负荷 5~120 米 / 年，淹水期与干化期比值应小于 1；地表漫流系统年水力负荷 3~20 米 / 年。土地处理设计时，应根据应用场地的土质条件进行土壤颗粒组成、土壤有机质含量调整等。

采用土地处理系统可充分利用粪水及其中的营养成分，对农业发展有一定的益处，所需的基建费及运行费用少，适宜采用。但该方法受到很多条件的限制，首先应有足够的土地条件，其次必须注意加强对水质的管理，防止粪水危害农作物、危害土壤、传染疾病、污染地下水等。因此，不仅要使水质符合《农田灌溉水质标准》的要求，还应考虑粪水的终年利用问题，对于非灌溉季节粪水的出路应给予合理的安排。

3. 稳定塘

稳定塘是自然的水泊或者人工建立的池塘，设置围堤和防渗层，又称氧化塘或生物塘，是一种利用天然净化能力对粪水进行处理的构筑物的总称。其净化过程与自然水体的自净过程相似，利用藻类和微生物形成一个生态系统，藻类进行光合作用提升水中的氧气含量，而好氧细菌则可以将有机污染物分解成为二氧化碳和含氮无机物，用于藻类的正常生长。

稳定塘有厌氧塘、兼性塘、好氧塘、曝气塘四种类型（表 2-9）。厌氧塘的水深一般在 2.5~4.0 米。当用塘来处理浓度高的有机粪水时，塘内一般不可能有氧存在。厌氧塘一般只能做预处理，常置于氧化塘系统的首端，以承担较高的污染负荷。兼性塘的水深一般在 1.0~2.5 米，塘内好氧和厌氧生化反应兼而有之。好氧塘全塘皆为好氧区。为使阳光能达到塘底，好氧塘的深度较浅，一般在 0.3~0.5 米。曝气塘一般水深在 3.0~4.0 米，有的可达 5 米，采用人工曝气供氧，一般可以采用水面叶轮曝气或鼓气供氧。曝气塘有两种，一种是完全混合曝气塘，另一种是部分混合曝气塘。曝气塘有机负荷去除率较高，BOD_5 去除率在 70% 以上，占地面积少，但是需要消耗能源，运行费用高，且出水悬浮物较高。在实际应用中，人们往往根据实际需要，采用多类型组合方式或改进型加以应用。

氧化塘宜采用常规处理塘，如兼性塘、好氧塘、水生植物塘等。

塘址的土地渗透系数（K）大于 0.2 米 / 天时，应采取防渗处理。

氧化塘系统设计可参考 CJJ/T 54 的有关规定执行。

表 2-9　各类氧化塘的主要特征参数

名 称	厌氧塘	兼性塘	好氧塘	曝气塘
水深（米）	2.5~4.0	1.0~2.5	0.3~-0.5	3.0~4.0
水力停留时间（天）	20~50	5~30	3~5	3~10
有机负荷率 克 BOD_5/(立方米·天)	30~100	15~40	10~20	1~32
BOD_5 去除率（%）	50~80	70~90	80~95	75~85
BOD_5 降解形式	厌氧	好氧	好氧	好氧
污泥分解形式	厌氧	厌氧	无	厌氧或好氧
光合作用	无	有	有	无
藻类浓度（毫克 / 升）	0	10~50	100~200	0

氧化塘的优点是在条件合适时（如有可利用的旧河道、河滩、沼泽、山谷及无农业利用价值的荒地等），氧化塘系统的基建投资少，运行管理简单，耗能少。运行管理费用约为传统人工处理厂的 1/5~1/3；可进行综合利用，如养殖水生动物，形成多级食物链的复

合生态系统。缺点是占地面积过多，处理效果受气候的影响（如越冬问题，春、秋清淤问题），如设计或运行不当可能形成二次污染（如污染地下水、产生臭气等）。

氧化塘适用于有湖、塘、洼地可供利用且气候适宜、日照良好的地区。因氧化塘占地多，当地需有可供氧化塘使用的土地，地价较便宜，最好是可找到无农业利用价值的荒地；当地的气候适于氧化塘的运行。首先要考虑气温，气温高适于塘中的生物生长和代谢，提高污染物去除率，从而可减少占地面积，降低投资。其次应考虑日照条件及风力等气候条件，兼性塘和好氧塘需要光能以供给藻类进行光合作用。在蒸发量大于降水量地区使用时，应有活水来源，确保运行效果。

二、粪水利用模式

（一）粪水处理后回用冲洗圈栏

由于圈栏与人畜等直接接触，为保证人畜的健康安全，使用畜牧场粪便处理后的粪水做圈栏清洁用水，必须使其达到清洁用水的标准。以下主要介绍规模化猪场将粪水处理为生产清洁用水的典型工艺流程设计方案。

1. 粪水处理工艺模式

采用的“厌氧发酵 + 好氧处理”的粪水处理工艺。该工艺由粪便预处理系统、厌氧发酵系统和好氧系统等组成。图 2-5-9 是可实现粪水回用或达标排放的工艺流程。该工艺主要用于大型猪场。这类猪场猪舍一般采用漏缝地板，地板下为深粪坑，清粪方式有水冲清粪或水泡粪等方式。

该工艺采用水冲粪进行清粪，通过集水池进行收集，然后通过固液分离机进行一级固液分离，分离后的粪水进入气浮，进行二级固液分离；经气浮处理后的出水自流进入调节池，调节池出水进入由 UASB 厌氧罐和厌氧沉淀池组成的厌氧处理系统；厌氧沉淀池出水自流入高曝池和中沉池，中沉池出水进入 EBIS（一体化生物处理系统）好氧处理系统，EBIS 出水进入到后混凝沉淀池，经处理后的出水再经消毒可用于冲洗圈栏。

同时，初沉池产生的初沉污泥，厌氧处理系统产生的剩余污泥，高曝池产生的剩余污泥，EBIS 系统剩余污泥，以及后混凝沉淀池产生的物化污泥，经脱水处理，脱水后污泥外运处置。厌氧处理系统产生的沼气经收集、净化、储气后用于锅炉燃烧，产生的热量用于自身加热。

2. 主要工艺单元

（1）粪便预处理系统。由于水冲粪中仍含有大量的固形物，首先必须经过一级固液分离，去除粪便中大部分的纤维物质。经固液分离后，液体中 TS 含量仍然较高，主要是胶体类物质，COD 含量仍然较高，需要对这部分液体采取污泥脱水和气浮处理进一步加以去除。污泥脱水方式是对一级固液分离之后的粪水（一般 TS 含量仍在 2%~3%，浓度相当于浓缩池污泥），经过加药絮凝之后，进入污泥脱水机进一步去除大分子颗粒污染物。对 TS 高的粪水，可借鉴类似工业粪水或生物粪水处理项目的经验，采用气浮处理设计。本工艺的主要特点是污染物去除效率高，COD，SS 等污染物的综合去除效率在 50%

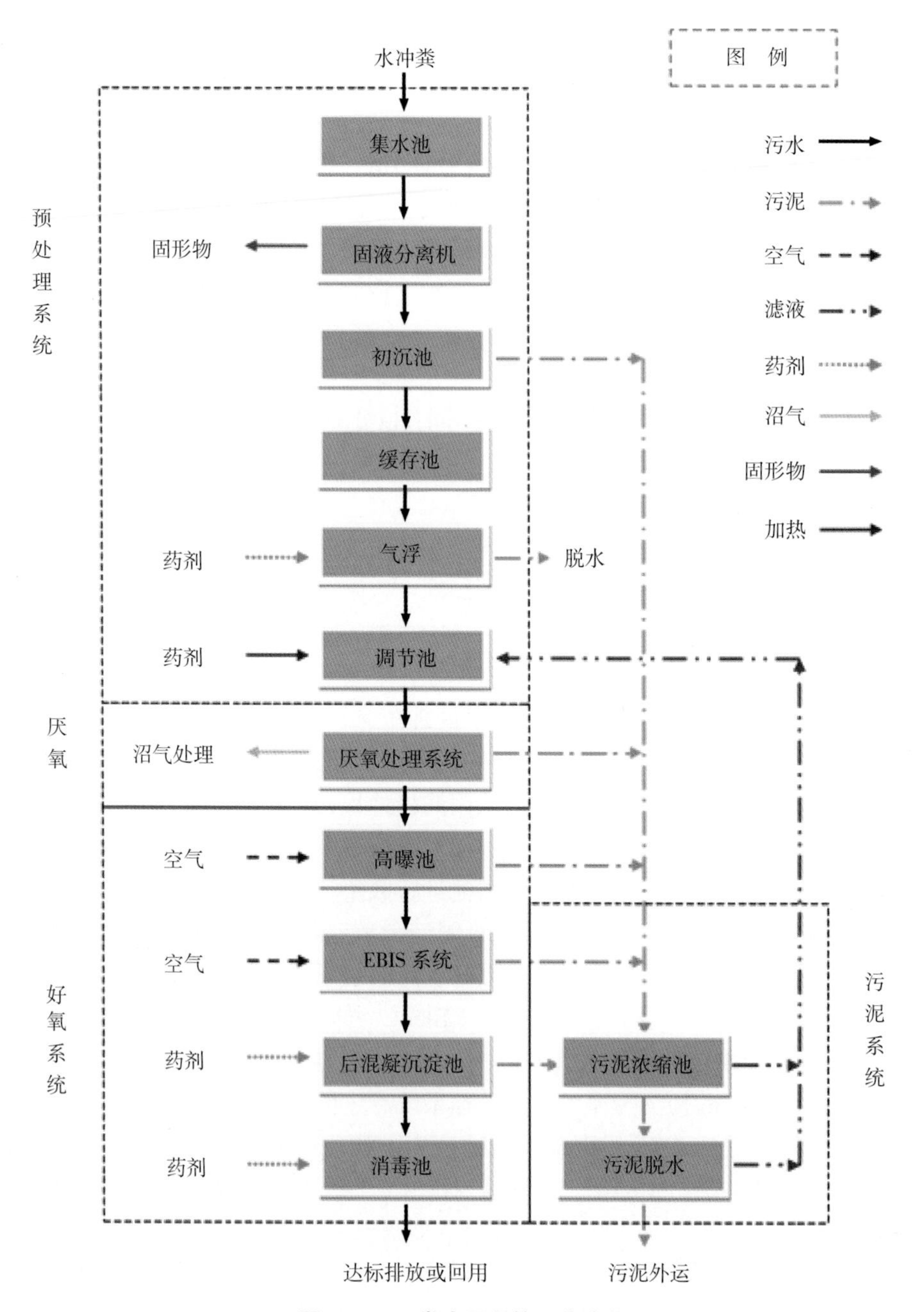

图 2-5-9　粪水回用的工艺流程

左右，处理成本相对低，2~3 元 / 吨。

（2）厌氧发酵系统。UASB 厌氧罐和厌氧沉淀池组成的厌氧处理系统，降解有机污染物浓度并产生沼气，厌氧沉淀池设置污泥回流泵，可以补充 UASB 厌氧罐缺失的污泥并定期排放剩余污泥。

（3）好氧发酵系统。厌氧沉淀池出水自流入高曝池，去除部分有机污染物质，高曝池后面设置中沉池，中沉池设置污泥回流泵，可以补充高曝池缺失的污泥并定期排放剩余污泥。中沉池出水进入 EBIS 好氧处理系统，EBIS 系统的进水区与大比倍回流的混合液（已经过处理的粪水）迅速混合均匀后，循环进入曝气区进行处理，通过控制曝气池中的溶解氧，利用微生物完成对 COD、氨氮、总氮等污染物的降解，之后粪水进入沉淀区进行泥水分离，污泥回流至进水区与进水混合，清水由上部的集水槽收集，EBIS 出水进入到后混凝沉淀池，通过投加化学药剂去除部分总磷及部分悬浮物后，出水经消毒回用。

3. 工艺分析

与其他工艺相比，该工艺具有如下优势。

针对粪水的特点，建立多级固液分离装置，最大限度的保证 SS（TS）的去除。

采用搪瓷拼装 UASB 反应器，防腐性能好，处理效率高。

UASB 产生的沼气经过净化后供给锅炉车间使用，可节约 UASB 自身加热所消耗的燃料（标准煤）。

EBIS 系统采用先进的短程硝化反硝化技术，最大限度地以较低的成本去除粪水中有机污染物质以及氮磷等营养元素。

建立较大的污泥浓缩池，选择匹配的叠螺压滤机，保证污泥的压榨，杜绝因排泥不畅带来的运行故障。

采用全自动加药系统，减少人员操作强度，从而减小劳动成本。

本系统采用厌氧 + 好氧组合的工艺，在灌溉季节可将厌氧出水全部或者部分直接回用于项目地附近的农田，运行方式比较零活，兼具生态型方案的优点，最大限度的利用资源，同时降低项目处理成本。

4. 注意事项

粪便收集中若采用水冲粪工艺，会引入大量粪水不利于后续处理而且该工艺在水资源不足地区的推广应用具有一定局限性。为防止降低系统的处理效率，要求工程必须保证实施雨污分流。

经过粪便处理系统的废液和粪水若要进行清洁回用，须经消毒处理。

防疫方面的考虑，改进冲洗圈舍的工艺，比如冲洗次数，可以先用回用水冲洗前几次，将人部分粪便清理干净，最后用清水加消毒剂冲洗，保证冲洗后圈舍的安全。

（二）粪水处理后回冲清粪通道和粪沟

牛舍清粪通道及场内粪沟需要经常用水清洗。由于水冲系统需要的人力少、效率高，可以保证牛舍的清洁和奶牛的卫生。夏季温度较高时，水冲系统还可以降低牛舍温度，尤其适合南方牛舍。为了节省冲洗用水可以将经固液分离处理后的牛场粪水进行深度处理，作为回用冲洗用水。目前回冲粪沟及清粪通道的粪水无明确的处理标准，一般认为其含水率须达到 95% 以上，在冲洗过程中，不会在循环回流时沉淀堵塞管道的固体物质即可。

水冲清粪对牛舍清粪通道的地面形式、坡度以及卧床高度有一定的要求。清粪通道一般建议选用齿槽状地面形式（图 2-5-10）。综合考虑用水量及奶牛站立的舒适性，一般

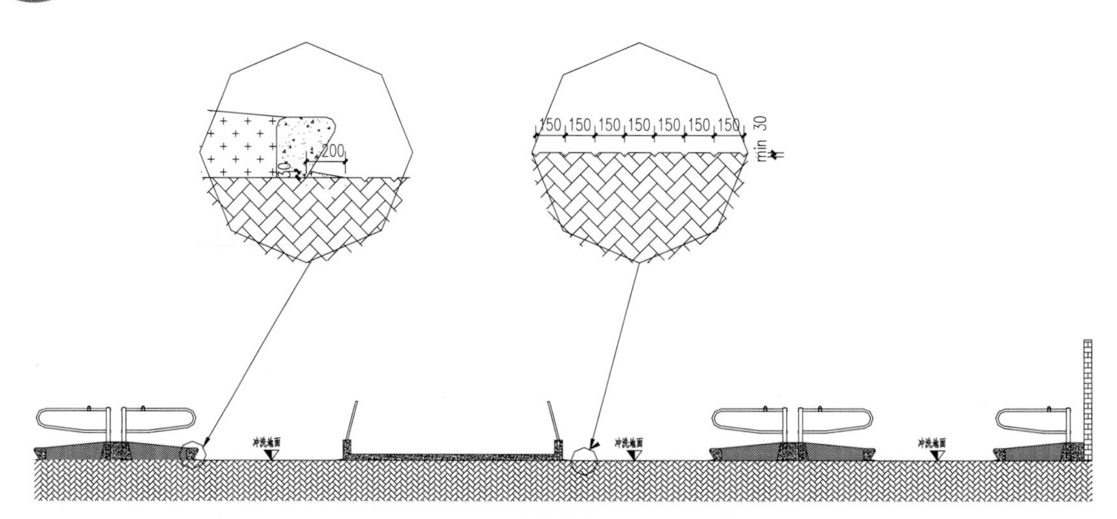

图 2-5-10　水冲清粪牛舍地面建议做法

选用 2% 的坡度。同时，应保证牛卧床高度不小于冲洗水高度，避免冲洗水漫过卧床。

水冲清粪系统的用水量主要由冲洗宽度及坡度所决定，如表 2-5-11 所示。表中的参数是以初始流速 1.5 米 / 秒，初始水深 0.077 米，冲洗时间 10 秒，以总长度 45 米的通道所需的水量。为了很好的冲走牛粪，必须根据清粪通道坡度来选择合适的冲洗水量及流速。

表 2-10　冲洗参数

道路坡度（%）	冲洗水量（立方米 / 米粪道宽度）
1.0	2.8
1.5	2.0
2.0	1.6
2.5	1.3
3.0	1.2

从表 2-10 中可以看出，对坡度 1.5%，粪道宽度 3~3.6 米的双列式牛舍，单条粪道每次冲洗需要用水 6.0~7.2 立方米，2 条粪道则为 12.0~14.2 立方米 / 次。如果每天冲洗 2~3 次，则需 28~42 立方米。由于冲洗牛舍地面需要大量的水，近年来回用水冲洗系统已成为大型奶牛场最常用的清粪方式之一。采用回用水可以大大减少冲洗所需的清洁水。当牛群不在牛舍时，可以利用回用水来冲洗牛舍通道。

一般用于牛舍粪沟、地面冲洗的回用水冲洗系统需要配套水塔、泵等设施设备。用于牛舍的水塔冲洗系统不需要配置大功率冲洗泵，运行、维修费用相对较低，比较适合场区面积较大的奶牛场。但如果要求多个水塔联动，一般很难实现冲洗的自动控制。尤其是北方冬季，水塔冲洗容易造成地面结冰而无法使用。对于挤奶厅，采用大功率的冲洗泵才能满足冲洗水量的要求，其运行成本较高，一般不适用于牛舍地面的冲洗。

在水冲系统中，根据冲洗阀的形式，可分为简易放水阀冲洗方式和气动冲洗阀冲洗方

图 2-5-11　“冲洗水塔 + 简易冲洗管”冲洗

式二种。冲洗水塔 + 简易冲洗管方式（图 2-5-11）结构简单、造价低，但其冲洗力度较小，相同条件的牛舍所需冲洗水量更大，且冲洗时由于冲洗水流出水方向不能与地面实现更好的衔接，冲洗后地面清洁度相对较差。

冲洗水塔 + 气动冲洗阀方式（图 2-5-12）要求冲洗水塔的容积不宜小于该组冲洗阀一次冲水的水量，水塔高度一般不宜小于 6 米。水塔系统设有上水管道和出水管道，并配备控制支管启闭的气动阀。上水管道连接水塔补水泵，出水管道连接牛舍或待挤厅地面冲洗阀。冲洗时，出水管道上的气动阀开启，水塔内的水依靠重力通过各地面冲洗阀瞬间释放到清粪通道，来达到冲洗粪便的目的。这种水冲清粪工艺的优点为冲洗力度大，牛舍地面清洁度高，能保证牛舍的清洁和奶牛卫生，粪便容易输送，劳动强度小，后期维护费用低。缺点是耗水量大，冲洗水要求有及时、足够的补给，前期工程投资费用较大，适合气

图 2-5-12　“冲洗水塔 + 气动冲洗阀”冲洗方式

温较高的地区。

冲洗阀（图 2–5–13）是近年刚从国外引进的冲洗设备，其冲洗范围广，可以辐射 6 米宽的冲洗面，特别适合待挤厅地面的冲洗，并且容易实现自动控制。冲洗阀形式主要分为嵌入地面式冲洗阀以及出地面式冲洗阀，嵌入地面形式的冲洗阀不影响奶牛的行走，但是水力损失较大，地面上冲洗阀影响奶牛的行走，必须设置在奶牛不通过的地方，水力损失较小。

图 2–5–13　冲洗阀水冲系统

将牛舍内的粪便直接清至端头或者中间的粪沟内，通过回用水对粪沟进行冲洗，在水力的带动下，将粪便输送至粪便处理区的一种输送方式，这种输送方式可以有效的将粪便输送至处理区，适用于任何舍内干清粪系统以及含沙牛粪的输送。输送管道的选择同重力输送系统，但是对于含沙牛粪需要考虑沙子的影响，一般舍内粪沟选用“V”字形粪沟，底部使用 DE300 毫米的半个 PE 管，然后侧壁混凝土浇筑，开口可以设计成 800~1 000 毫米宽，这种粪沟加速了沟底粪便的流速，使沙子不易沉降到沟底，同时使用通长的粪沟不使用管道，方便日后的清理。水力输送系统需要配置大功率的冲洗泵，才能达到很好的冲洗效果。现在国外许多泵体制造商针对奶牛场粪便的特性设计制造了牧场专用泵，由于国内规模化奶牛场起步较晚，这方面还是比较欠缺，大多是代理国外的设备。

（三）氧化塘 + 人工湿地净化粪水回用模式

“氧化塘 + 人工湿地”处理模式在我国南方地区有一定的使用。湿地是经过人工精心设计和建造的，湿地上种有多种水生植物（如水葫芦、细绿萍等），水生植物、微生物和基质（土壤或沙砾）是其 3 个关键组成部分。水生植物根系发达，为微生物提供了良好的生存场所。微生物以有机物质为食物而生存，它们排泄的物质又成为水生植物的养料，收获的水生植物可再作为沼气原料、肥料或草鱼等的饵料，水生动物及菌藻，随水流入鱼塘作为鱼的饵料。通过微生物与水生植物的共生互利作用，使粪水得以净化。净化后的粪水可用于冲洗圈舍或粪沟。人工湿地 + 氧化塘处理系统的工艺流程见图 2–5–14。主要设施包括稀释池、厌氧池、消毒净化池、氧化塘等。

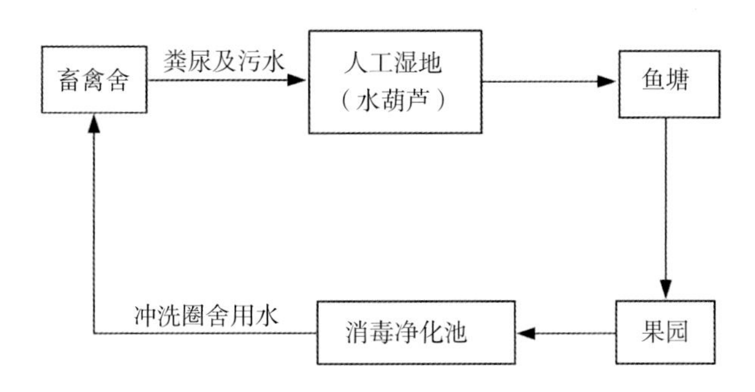

图 2-5-14 人工湿地 + 氧化塘处理系统工艺流程

该模式适用于距城市较远、气温较高且土地宽广有滩涂、荒地、林地或低洼地可作粪水自然处理系统、经济欠发达的地区，要求养殖场规模中等。其优点是，投资较省，能耗少，运行管理费用低；污泥量少，不需要复杂的污泥处理系统；地下式厌氧处理系统厌氧部分建于地下，基本无臭味；便于管理，对周围环境影响小且无噪音；可回收能源 CH_4。主要存在问题：土地占用量较大；处理效果易受季节温度变化的影响；建于地下的厌氧系统出泥困难，且维修不便；有污染地下水的可能。

三、回用消毒要求

养殖场粪水回用主要用于回冲粪沟和清粪通道，以及冲洗圈栏等。为保证畜禽场的用水安全，确保人与畜禽的健康，养殖场处理的粪水回用前必须进行消毒处理。

粪水消毒技术的发展随着环境问题的日益突出而受到全社会的不断关注。目前，我国常用的粪水消毒方法有紫外线消毒法、液氯消毒法、臭氧消毒法、二氧化氯消毒法、次氯酸钠消毒法等。

（一）紫外线消毒法

紫外线是一种频率高于可见光的电磁波，按其波长可以分为 UV—A（315~400 纳米）、UV—B（280~315 纳米）和 UV—C（100~280 纳米）3 个波段。其中 UV—C 波段恰好处在微生物吸收波峰的范围之内，因此，UV—C 波段的紫外线杀菌效果最好。紫外线消毒是利用紫外光发生装置，产生强紫外 C 光（波段在 UV—C 范围之内）来照射水、空气、物体表面，当水、空气、物体表面中的各种细菌、病毒、寄生虫、水藻以及其他病原体等受到一定剂量的紫外 C 光辐射后，其细胞中的 DNA 结构被破坏，使各种微生物致死，以达到杀菌消毒和净化粪水的目的。

紫外线消毒法的优点有：

① 消毒速度快，效率高，设备占地面积小。

② 不影响水的物理化学成分，不增加水的臭味。

③ 设备操作简单，便于运行管理和实现自动化。

紫外线消毒法的缺点有：

① 不具备后续消毒能力，污染易反复。

② 只有吸收紫外线的微生物才会被灭活，粪水 SS 较大时，消毒效果很难保证。

③ 细菌细胞在紫外线消毒器中并没有被去除，被杀死的微生物和其他污染物一道成为生存下来的细菌的食物。

（二）液氯消毒法

液氯是一种强氧化剂，最早用于粪水处理厂消毒。由于其杀菌能力强，价格低廉，消毒可靠，是目前应用最为广泛的消毒剂。液氯消毒法的消毒机理是利用液氯溶解于水生成次氯酸和盐酸，其方程式为：$Cl_2+H_2O= HClO+HCl$。次氯酸（HClO）扩散到细菌表面，穿过细菌的细胞壁穿透到细胞内部。当次氯酸分子到达细菌内部时，在细菌体内发生氧化作用破坏细菌的酶系统而使细菌死亡。

液氯消毒法的缺点：

① 液氯消毒的安全性较差。

② 液氯消毒存在二次污染，氯与粪水中某些有机或无机成分反应，生成一系列稳定的含氯化合物，其大部分对人体健康有害，有些含氯化合物有致癌性。

③ 氯与粪水中的氨反应生成的氯氨，会降低消毒效力，而且氯氨排入水体后会对其他生物产生毒性作用。

（三）臭氧消毒法

臭氧消毒法是利用组成臭氧的三个氧原子的不稳定特性，分解时放出新生态氧，而新生态氧具有非常强的氧化能力，对细菌和病毒产生强大的杀伤力，致使细菌和病毒死亡。

臭氧消毒法的优点为：臭氧消毒效率高，并能有效地降解粪水中残留的有机物，脱色除味效果好，而且粪水的 pH 值、温度对消毒效果影响较小，不产生二次污染。

臭氧消毒法的缺点为：用臭氧给城市粪水处理厂出水消毒存在投资大、运行成本高，设备管理复杂等缺点，另外当水量和水质发生变化时，臭氧投加量的调节比较困难。因此，臭氧消毒主要适用于对出水水质要求高、出水中含较高色度或者难降解物质、水量不大的工业废水处理消毒和小规模城市粪水处理消毒，不适用于大中型城市粪水处理厂。

（四）二氧化氯消毒法

二氧化氯化学性质活泼，易溶于水，在 20℃下溶解度为 107.98 克 / 升，是氯气溶解度的 5 倍。二氧化氯是广谱型消毒剂，其氧化能力是氯的 25 倍。对水中的病原微生物包括病毒、芽孢、真菌、致病菌及肉毒杆菌均有很高的灭活效果，有剩余消毒能力。二氧化氯在控制三卤甲烷的形成和减少总有机卤的数量等方面，与氯相比具有优越性。二氧化氯去除水中的色度、臭味的能力较强。

（五）次氯酸钠消毒法

次氯酸钠可用次氯酸钠发生器，以海水或食盐水的电解液电解产生。次氯酸钠中有效氯的含量占次氯酸钠总量的 5%~15%，次氯酸钠消毒是依靠 ClO^- 的强氧化作用来进行杀菌消毒的。从次氯酸钠发生器产生的次氯酸可直接注入粪水中进行接触消毒。其方程式为：$NaClO + H_2O = HClO + NaOH$。

次氯酸钠消毒法的优点为：溶液毒性小，并且比氯气消毒系统更容易操作；与氯气消毒系统相比，所需的技术含量较少。

次氯酸钠消毒法的缺点为：次氯酸钠易变质，次氯酸钠的投加有增加无机物副产品的可能（氯酸盐，次氯酸盐和溴酸盐），对一些物质有腐蚀作用，相对于其他溶液不易储存，化学药剂的费用较氯气高。

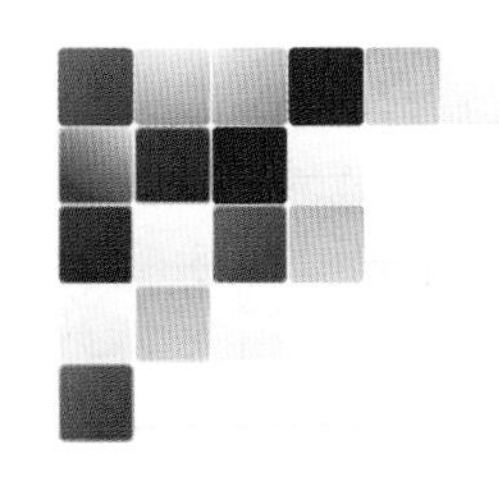

第三章　应用要求

第一节　适用范围

一、按畜禽种类

清洁回用模式要求尽可能减少整个生产过程废弃物的产生量，要求严格控制生产用水，减少养殖过程用水量为出发点，采用干清粪工艺，场内实行粪水管网输送、雨污分流和固液分离等各种工艺措施来减少和减轻末端废弃物处理的数量和难度。液态粪水深度处理后全部用于场内冲洗粪沟或圈栏，无对外排放为主要特征；固体干粪通过堆肥、栽培基质、牛床垫料、种植蘑菇、养殖蚯蚓蝇蛆、碳棒燃料等方式处理利用。清洁回用模式比较适用于新建或改扩建规模化猪场以及牛场。

二、按养殖规模

清洁回用模式要求干粪和粪水在回用前必须进行深度处理，从而满足清洁回用的工艺要求。因此，该模式投资成本较高，工艺技术水平高，运行管理要求也比较高，比较适合于规模较大的养殖场。

三、按当地环境

清洁回用模式能够对废弃物进行深度处理后完全回用或部分回用，废弃物排放要少排放或没有废弃物的排放，工艺相对较为复杂，投资和运行成本较高，适合于大中城市周围，社会经济发展水平相对较高，周边环境要求相对较为严格的地区。另外，缺水地区也适合采用该模式。

第二节　注意事项

清洁生产与传统的污染控制不同之处在于：过去在考虑对污染的治理时，把重点放在污染物产生之后如何处理，以减小对环境的危害，即所谓末端治理。而清洁生产则是要求把污染物尽可能消除在产生之前。其措施是将污染预防战略持续地应用于生产全过程。通过不断改善管理和提升技术，提高资源的利用率，减少污染排放，以降低对环境和人类的危害。因此，开展畜禽规模养殖粪便处理清洁回用，应遵循减量化、无害化、资源化的基本原则，着力减少养殖场粪便的产生量，并实现清洁回用。其基本原则如图 3-1-1 所示。

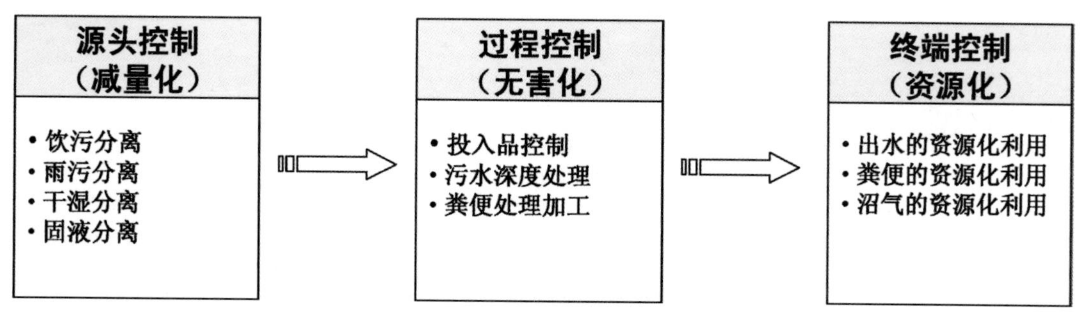

图 3-1-1 清洁回用的基本原则

一、减量化原则，即源头控制

在畜禽养殖过程中应该通过饮用水和粪水分离、雨污分离、干湿分离、固液分离等技术手段在源头控制减少废弃物的产生，降低末端治理的难度和成本。

（一）饮污分离

畜禽饮用水的残水和粪水应该分开，采用科学的饮水器，降低饮用水浪费和粪水排放量；采用节水型的圈舍饮水供应方式，将饮水装置造成的残水与粪水分离，最大限度减少粪水产生量。

（二）雨污分离

实行雨水和粪水收集输送系统分离。雨水收集后就近就地排放，粪水收集系统则将养殖粪水收集输送至粪水处理系统内进行处理。

（三）干湿分离

在清粪工艺上，采用节水清粪工艺，圈舍清洗方式和冲洗设备宜采用高压水冲洗，最大限度减少冲洗用水，减少生产过程的粪水量，并利用刮粪板将干粪和粪水分开，最大限度地保存粪中的营养物质，同时减少粪水中污染物的浓度，为干粪加工生产生物有机肥提供较好的原料基础。

（四）固液分离

养殖粪水经收集后进入固液分离设备进行固液分离，通过固液分离减少粪水中粪便含量，从而进一步减少后续处理压力（图 3-1-2）。

经过上述处理工艺流程后，粪水再通过厌氧、好氧、自然处理等工艺进行深度处理，

图 3-1-2　粪水贮存池雨污分离

干粪通过堆肥生产生物有机肥；通过该工艺能够确保粪便处理系统运行效率高，处理的效果好。

在源头控制减量化方面，除上述 4 个方面以外，提高养殖技术水平同样十分重要。以每生产 1 千克肉蛋奶产生的粪便量进行比较分析，我国目前与发达国家存在较大差距。以养猪为例，我国每头母猪年提供商品猪 18 头，发达国家为 28 头计算，我国年出栏商品猪约 7 亿头，需要饲养 3 900 万头能繁母猪，比发达国家多饲养 1 400 万头，每年多排放粪便 $1\ 000 \times 10^4$ 吨，多排放粪水 $3\ 000 \times 10^4$ 吨；同样，我国养猪场猪只的死淘率较高，每年因此造成的多产出粪尿量约为 1×10^8 吨。因此，养殖场应努力提高科学养殖技术水平，不断提高产出率，降低死淘率，在源头上最大限度减少粪便产生量，为养殖场自身后续粪便的处理减轻压力和难度。同时这也是养殖效益的需要。

二、无害化原则，即过程控制

为实现清洁回用的无害化，应该通过控制投入品、粪水深度处理和粪便处理加工来实现全过程管控，以达到无害化处理的目的。

（一）投入品控制

在畜禽养殖过程中要严把投入品关，最大限度减少抗生素使用，最大限度减少各种化学药物的使用，最大限度控制各种含重金属饲料添加剂的超量使用，严禁各种违规违禁品（药物、添加剂等）的使用。

目前，许多养殖场（户）在严把投入品环节上，做得不够。其结果直接导致 3 种严重后果：一是严重影响粪便的处理效率和效果，造成粪便处理难度加大；二是严重影响畜禽产品质量安全，造成食品安全事件；三是延伸污染水体和土壤。

（二）粪水深度处理

在粪水处理环节，很多养殖场采用的粪水处理工艺，达不到废水回用标准和要求。而养殖粪水深度处理的目的就是要确保最终出水的水质达到可以用来场内冲洗粪沟或圈栏的标准，防止二次污染。

（三）粪便处理加工

在粪便处理加工环节，应有效杀灭虫卵、病原微生物等有害生物；可以通过发酵等形式进行无害化处理。

三、资源化原则，即终端控制

在畜禽粪便处理清洁回用模式下，资源化利用是终端控制。畜禽粪便经过无害化处理后形成三种资源化产品，即水、粪便和沼气，对这 3 种资源化产品应该加以全部充分利用。

（一）粪水的资源化利用

养殖粪水通过深度处理后，水质基本达到回用标准，然后重新回用于场内冲洗粪沟或圈栏，实现水资源重复利用，减少用水量和粪水排放量。

（二）粪便的资源化利用

在粪便的资源化利用环节，可以选择以下利用方式。

堆肥处理：生产加工成生物有机肥，施用到农田。

栽培基质：可以种植花卉、可以作为蔬菜育苗基质等。

牛床垫料：可以在场内用于牛床的垫料。

蘑菇栽培料：与其他栽培料搭配用于种植食用菌等。

蚯蚓蝇蛆饵料：用于蚯蚓和蝇蛆的养殖，获得蛋白质饲料等。

碳棒燃料：制作加工成碳棒燃料，牛粪利用更适用。

（三）沼气的资源化利用

粪水经过厌氧发酵产生的沼气应全部利用，不得直接向环境排放。在利用前应进行脱水、脱硫等净化处理，以提高利用效率。沼气通过输配气系统可以供养殖场生产生活使用、周边居民生活使用、锅炉燃烧以及沼气发电等。

综上所述，畜禽粪便清洁回用模式，应遵循减量化、无害化、资源化原则，做到源头控制、过程控制和终端控制，真正实现清洁回用目的。

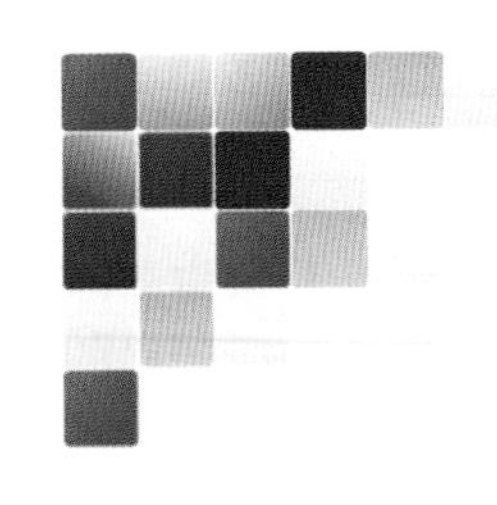

第四章　典型案例

第一节　猪场案例

案例 1　杭州天元农业开发有限公司
【粪水回用和猪粪养蛆】

一、简介

杭州天元农业开发有限公司成立于 2007 年 8 月，地处杭州市萧山区围垦十七工段萧山对外农业综合开发区内。占地近 700 亩，建筑面积 350 000 平方米，其中，猪舍面积 290 000 平方米，蝇蛆养殖面积 2 万平方米，目前存栏基础母猪 1 万头，年出栏商品猪近 20 万头（图 4-1-1）。

图 4-1-1　猪场实景

二、工艺流程

猪场废弃物处理采用资源化利用为主的思路，粪便固液分离后，固体干粪以养蛆和生产有机肥为主方式，粪水处理后人工湿地和回用为主要方式（图 4-1-2 ）。

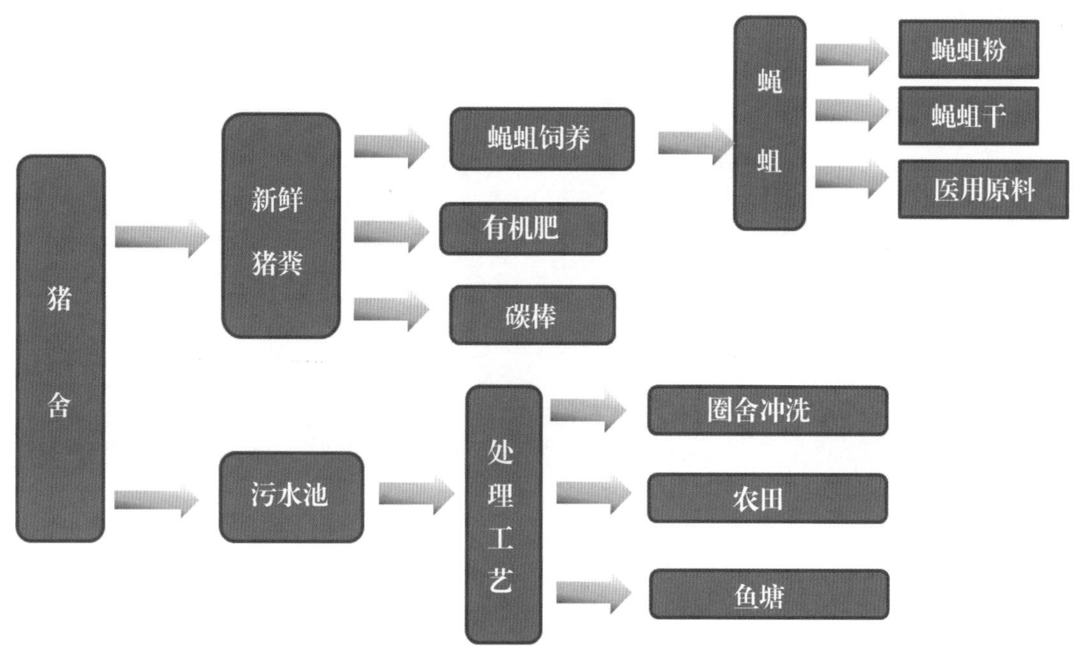

图 4-1-2　浙江天元农业（杭州灯塔）废弃物处理流程

三、技术单元

1. 猪舍臭气处理

所有猪舍均在舍顶部安装臭气回收管道，通过风机将猪舍内臭气通过管道送至吸收塔内（图 4-1-3），吸收塔内吸收材料为水，利用水将臭气除去（臭气主要成分为氨气等）。其利用的是生物过滤除恶臭法，除臭系统主要由抽吸风机、通风管道、吸臭材料（者水）等组成，畜禽舍中的臭气经抽吸风机收集到通风管道中，再在高压排风扇的作用下，驱使臭气通过吸臭材料（水）过滤，气体经吸臭材料的吸收后排出。该方法初期投资费用相对适中，除臭效果好，适宜用于等封闭式猪舍的恶臭控制。

2. 粪水场内回用

粪水经适当处理后（图 4-1-4），用于场区圈舍冲洗水。具体流程为粪水经厌氧 + 人工湿地处理后排放在氧化塘内，需要时直接从氧化塘内回用。

粪水使用时有一定的注意事项：一般圈舍冲洗 3 次，其中前两次用回用水，第 3 次则用清水，可以大量减少清水的使用量。

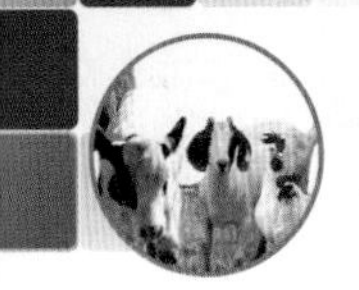

图 4-1-3　浙江天元农业（杭州灯塔）猪舍臭气处理装置

图 4-1-4　浙江天元农业（杭州灯塔）猪场粪水深度处理

3. 猪粪养蛆

利用鲜粪搅拌后直接作为原料进行蝇蛆饲养（图 4-1-5），利用蝇蛆加工和生产高价值的产品（蝇蛆干、蝇蛆粉等），根据市场需求进行销售，价格可达 2 000~3 000 元 / 千克，从而获得更高的收益，最大程度的利用猪粪的价值（图 4-1-6）。

图 4-1-5　猪粪饲养蝇蛆

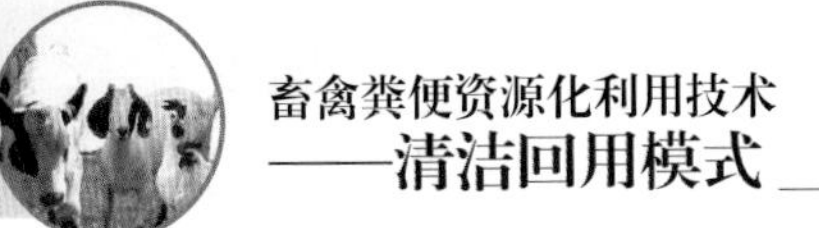

新鲜猪粪

挤压后

蝇蛆生化

有机肥

颗粒肥

燃烧棒

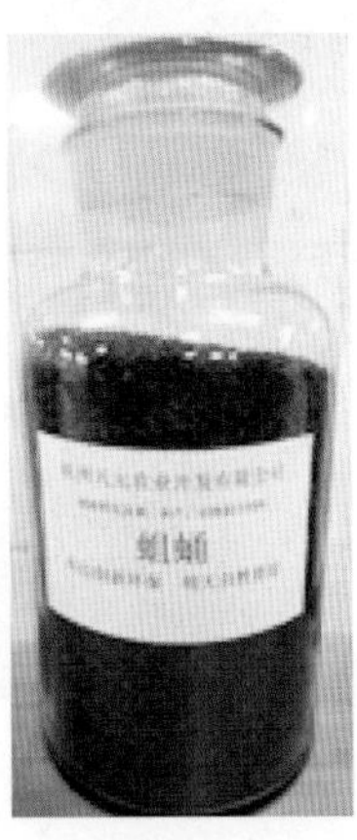

蛆蛹

苍蝇体

蛹壳

蝇蛆干

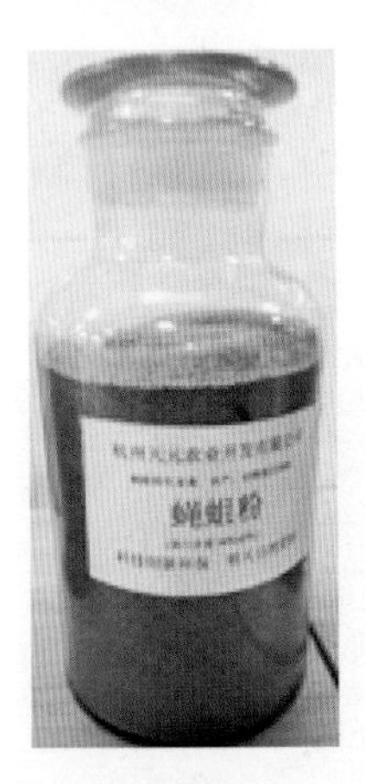

蝇蛆粉

优质蝇蛆粉

死猪生化处理

死猪高温处理

图 4-1-6　猪粪饲养蝇蛆 + 优质有机肥

4. 猪粪生产有机肥

利用猪场堆肥生产有机肥，根据需要制成普通有机肥、生物有机肥、颗粒有机肥和高质量优质有机肥等，然后按需要销售（图 4–1–7）。

图 4–1–7　猪粪生产有机肥

四、投资效益分析

目前，年产猪粪 5×10^4 吨，生产有机肥约 2.5×10^4 吨，鲜蝇蛆 1 500 吨，结合粪水处理费，以及人工、猪粪材料费，目前粪便处理与收入基本持平。

案例 2　广西壮族自治区容县奇昌种猪养殖有限责任公司【高架网床零排放式养猪】

一、简介

广西壮族自治区（以下称广西）容县奇昌种猪养殖有限责任公司是集种猪繁殖、生态养殖、产品销售于一体的现代农业民营企业。旗下有良种猪场、万头商品猪场、有机肥厂、水产健康养殖场。分别获得中国美丽猪场、自治区生猪标准化示范场、自治区水产畜牧行业重点龙头企业、自治区水产健康养殖示范、清洁养猪科技示范基地等荣誉称号，是自治区级良种猪供精单位。公司采用“全封闭高架网床环保猪舍—生物有机肥厂—沼气池—氧化塘—休闲渔业”五位一体生态养殖体系，无污水排放，提升现代农业发展水平，带动农户养猪致富。

二、工艺流程

高架全网床式栏舍（上层养猪、下层贮粪）；全封闭→地抽式空气净化；低能耗控湿度、控温度、控风速；凹墙式猪饮水装置；微生物发酵饲料→喂猪→粪尿发酵→有机肥；全程禁用抗生素，不用化学消毒药及烧碱、石灰等药物工艺流程见图 4-2-1。

高架网床＋微生物发酵饲料
↓
生态养猪
↓
底层猪粪发酵腐熟（不产生污水）
↓
培植食用菌
↓
批量养殖蚯蚓 → 发酵蚯蚓养猪
↓
有机质生产生物有机肥
↓
蔬菜、水稻、果树种植 →

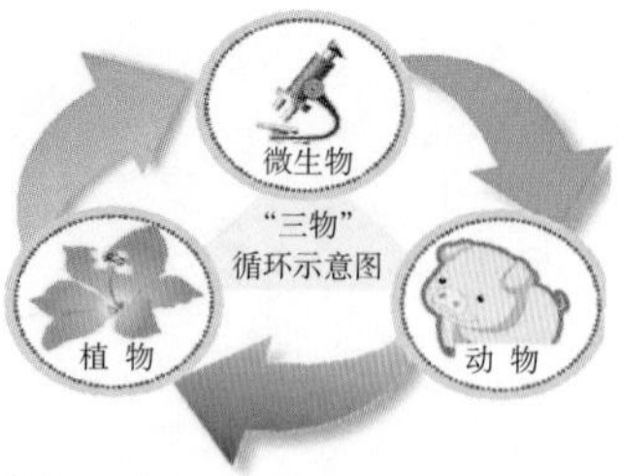

微生物
“三物”
循环示意图
植 物
动 物

图 4-2-1　高架网床式粪便收集工艺流程

三、技术单元

1. 高架全网床式栏舍

栏舍总高度≥6.0 米，其中下层高 2.0~2.5 米，上层养猪、下层贮粪。上下层之间采用 θ 12 毫米螺纹碳钢制成全网状漏缝，漏缝间隙尺寸小猪 10 毫米，育成猪 12 毫米（图 4-2-2 至图 4-2-4）。

图 4-2-2　单层或双层网床养猪

图 4-2-3　下层贮粪发酵

图 4-2-4　上下层之间的网状漏缝

2. 自动供料系统

安装全自动供料系统（图 4-2-5）。

图 4-2-5 自动供料系统

3. 全封闭地抽式空气净化

屋顶采用隔气隔热材料建设，上下层纵向两侧均安装若干个可推拉大框架铝合金窗。栏舍一端下层分别安装负压抽风机，风速 0.5 米 / 秒以下，湿度 65% ~70%，上层氨气浓度 1~5 毫克 / 立方米，室内空气几乎无氨臭味（图 4-2-6）。

图 4-2-6 全封闭地抽式空气净化系统

4. 全封闭自动控温

在栏舍外安装锅炉，栏舍内安装交换器，通过自动冷暖风交换器将舍内温度控制在27℃ ±2℃（图4-2-7、图4-2-8）。

图4-2-7　锅炉

图4-2-8　冷暖风交换器

5. 采用凹墙式猪饮水装置

用25厘米的PVC管弯头作为猪的饮水器且安装在墙体内，确保猪饮水时滴漏的水外排而不进入粪便中（图4-2-9）。

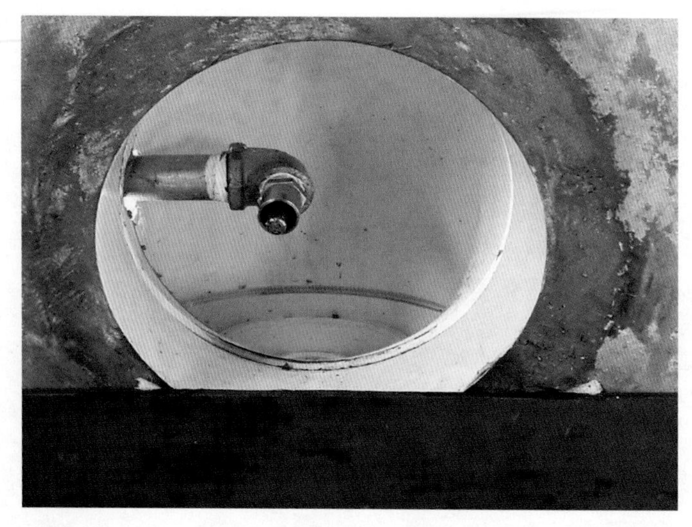

图4-2-9　凹墙式猪饮水装置

6. 用微生物发酵饲料喂猪

利用微生物与草本植物混合后二次发酵，按一定比例添加在猪日粮中，可降低10%~15%的饲料成本，提高消化率，提高生长速度。用微生物发酵草本植物饲养生猪，不腹泻、少生病，不污染环境，可以减少抗生素的应用。饲养对比试验显示，仔猪平均20.5千克入栏，饲养120天达到117.92千克，日均增重0.81千克，料重比2.59：1（图4-2-10）。

图4-2-10　微生物发酵饲料

7. 粪尿发酵后作有机肥

每 3~5 天按粪量的 3% 撒入锯末、谷壳或碎秸秆补充碳源。每 7~15 天向粪堆喷撒 2%~3% 的专用微生物制剂，这样的粪便无异臭味，含水率 50%~60%（图 4-2-11）。

图 4-2-11　发酵粪堆

8. 饲养蚯蚓

将草料与猪粪交替铺放，堆制发酵，发酵完成后进行粉碎，然后用于饲养蚯蚓。蚯蚓的饲养温度宜控制在 15~35℃，湿度在 60%~80%，养殖密度一般为 2 万条 / 平方米。适时采收蚯蚓及蚯蚓粪便，收集的蚯蚓粪便自然风干，然后直接利用或用塑料袋包装贮存。采收蚯蚓后的培养料中含有大量的蚯蚓粪便，已经形成蚯蚓生物有机肥，经过制粒后即可生产出成品有机肥。成品有机肥可用于种植有机蔬菜，也可用于种植食用菌。

9. 全程不使用化学消毒药

每隔 10~15 天 用 0.1%~0.2% 微生物菌液对栏舍内外环境喷雾一次。不使用化学消毒药、烧碱、石灰等。

四、投资效益分析

1. 经济效益

通过比较投入和综合产出，可大致计算出综合经济效益（表 4-1）。

表 4-1　投入与综合产出分析表

建设投入（元/平方米）	综合产出增收（元/头）				
	比传统养殖增收	种植食用菌	养殖蚯蚓	生物有机肥	有机蔬菜
1500	200	120	180	160	100

说明：

（1）每头猪产生生物有机肥 100 千克。

（2）100 千克生物有机肥种植食用菌 20 千克，产值 120 元。

（3）100 千克种植食用菌后生物有机肥可养蚯蚓 3 千克，产值 180 元。

（4）100 千克蚯蚓生物有机肥，产值 160 元。

（5）100 千克蚯蚓生物有机肥种植有机蔬菜比传统种植增收 100 元。

（6）生态循环种养每头猪比传统养殖增收 760 元。

2. 养殖效益

（1）提高生猪生产效益。封闭式双层高架网床猪舍可净化空气，温湿适宜，栏舍干净，可有效抵制细菌繁殖，提高生猪抗病力。生猪成活率提高 2%~3%，饲料利用率提高 10% 以上，可提前 10~15 天出栏。高架网床的上下层地面干爽，便于底层粪便堆积发酵和清理。

（2）节省人工成本。栏舍内免冲水，大大减少工作量。同时，舍内配备自动投料系统，每位饲养员可饲养 2000~3000 头猪。

3. 生态效益

猪舍内地板由进口扭纹碳钢拼接而成，养殖全程免冲水，用水量减少 90%，每头生猪减少用水 2.5 吨。同时，使用凹墙式猪饮水节水装置，猪饮水时溢出的水自流舍外专用收集管网，每头生猪可减少产生污水 0.5 吨。综合计算，每头生猪可减排污水 3 吨，大大减少治污压力，节能减排效果明显。

第二节　牛场案例

案例 3　山西四方高科农牧有限公司
【粪水回用和牛粪生产垫料】

一、简介

山西四方高科农牧有限公司，由大同市良种奶牛有限责任公司与南郊区口泉乡杨家窑村全体村民共同出资组建，公司距大同市区 30 千米，地址位于大同市南郊区口泉乡杨家窑村南 2 千米。占地面积 750 亩，总投资 2.3 亿元。园区总建筑面积达 98 028 万平方米（图 4-3-1），其中，生产区建设面积 56 182 平方米，大型饲料加工厂及干草库 8 640 平方米。设计饲养奶牛 6 000 头，现存栏量 5 216 头，其中，成乳牛 2 531 头，目前日产鲜奶 69 吨。已建成牛舍 13 栋，青贮窖 6 个，并列式和转盘式挤奶厅各一个。配备了大型 TMR 搅拌车及其他各类自动装草、装载机械等。同时配备以色列 SCR 发情探测仪器。建设有青贮窖、饲料加工厂、精料库和干草库。粪便无害化处理，清洁回用。园区所有门口设立消毒池、消毒通道，建立防疫体系。配备兽医室、配种室、技术档案室和培训中心。

图 4-3-1　四方高科农牧有限公司牛奶养殖场概貌

二、工艺流程

根据奶牛养殖场废水的水质特性，该牛场采用的“刮粪板 + 固液分离 + 氧化塘”工艺的生态循环利用模式。该模式由粪便收集系统、粪便预处理系统和氧化塘系统等组成，主要工艺流程见图 4-3-2。该工艺采用机械刮粪板清粪，以循环水冲粪，经暗沟（或地下管道）进行收集；然后，通过固液分离系统，分离出粪渣和粪水；粪渣经发酵、晾晒后作为垫料回填牛床，粪水经氧化塘处理后可在养殖场内循环使用，回冲粪沟。该处理工艺的主要特点如下：

① 通过实施“雨污分离，干湿分离，粪尿分离”的手段削减污染物的排放总量，做到了畜禽养殖业污染物减量化。

② 通过回填垫料和循环水的方式循环利用牛场所产生的粪渣和粪水，实现养殖废水的资源化利用。

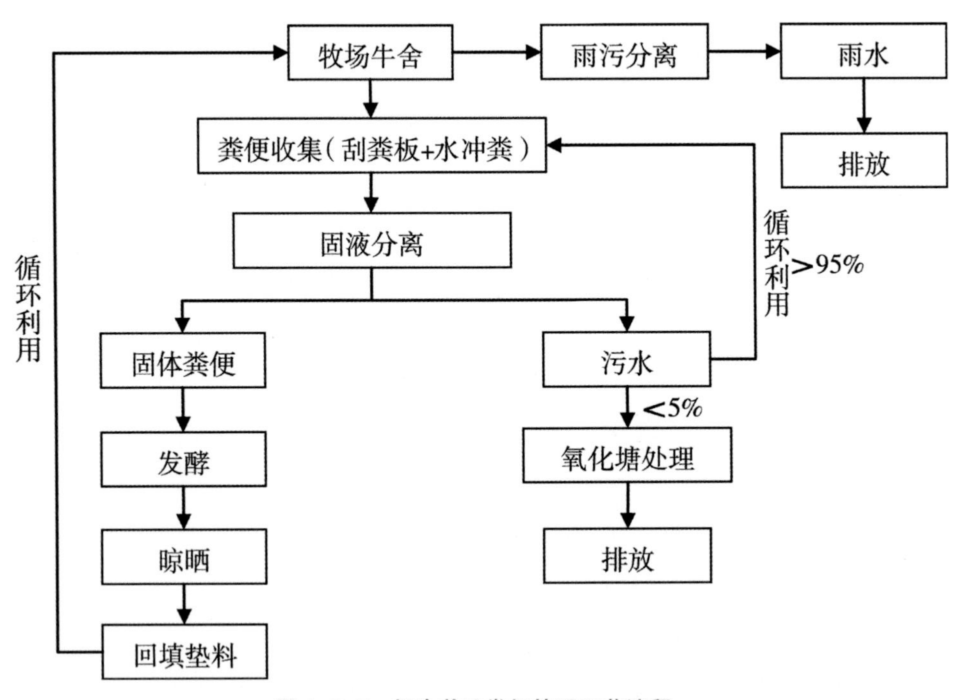

图 4-3-2　奶牛养殖粪便管理工艺流程

三、技术单元

1. 粪便收集单元

该奶牛场粪便收集阶段采用的是“刮粪板 + 水冲粪”的工艺方式（图 4-3-3）。牛舍内粪便经机械刮板刮至粪便收集沟，粪沟内粪便通过冲洗管路输送的冲洗水冲至集粪池，粪便进入暗沟后用循环水冲洗；粪便在集污池内经稀释、搅拌均匀后，由切割泵提升至固液分离机进行分离，分离后的液体一部分返回集污池对粪便进行稀释，另一部分自流进入粪水池，作为粪沟冲洗水循环使用，这种工艺与普通单一的水冲粪相比降低了耗水量，而且通过结合刮粪板清粪方式能够缩短牛粪在空气中暴露的时间，减少了挥发性气体的排放，并且在降低劳动力成本同时时保证牛舍清洁，对提高奶牛的舒适度、减轻牛蹄疾病和增加产奶都有积极的影响。

刮粪板具体配置：每个牛舍饲养600头奶牛，安装4套刮粪板，每套单价12万元。可以设置自动开启，也可以人工手动开启，每次循环55分钟。干刮，不用浇水。每天根据生产需要设定开启次数，最少每天开启3次，冬天，夜间24：00到凌晨5：00前，增加自动刮动次数，防止冰冻而影响运作。

图4-3-3 奶牛养殖场粪便自动“刮粪板+水冲粪”现场

2. 粪便预处理单元

该奶牛场粪便预处理阶段采用的是：牛舍粪便被机械刮板清理后经由暗沟冲进入集粪池，再进入固液分离的方式（图4-3-4）。在该模式下，集粪池内安装有切割泵和搅拌机，可对粪便进行混合搅拌，混合均匀后的液体粪便再由潜水切割泵提升到固液分离机中分离，分离后的固体直接落到下方的固体料堆上，固体干粪含水量低，运输方便，晾晒后可直接做牛床垫料，也可经过处理后作为有机肥或生物质能源。液体部分排放至粪水池，可经过冲洗泵回冲粪沟或圈舍，多余的液体可以用来做沼气或处理后达标排放。固液分离通过机械法将牛粪中的固体与液体部分分开，然后分别对分离物质加以利用，这种处理方式不仅可以节约用地，而且便于固形物运输，同时减少了粪便总量及甲烷的排放。

排污渠道：深度3~5米。一是防止粪便臭味污染环境，二是便于地下冲洗粪便、便于流通。坡度大于3%（100米落差大于3米）水循环畅通。

固液分离车间：建设两个池，其中第一个接收从牛舍地下渠道流进的粪便与粪水，随后抽进固液分离机械进行分离，分离出的水进入第二个池中（一小部分水再次回到第一个池中，参与稀释便于分离机械运作）。

分离机械：挤压将水与粪便分离，干粪便通过输送皮带送至外部的场地准备进入发酵棚。水自动排入第二个粪水池中。

第二个储存池，接收分离机械分离出来的粪水，池中有加压泵，将分离出集中的粪水通过加压泵送到牛舍地下（通过地下加压输送管）最远、最高处的地下渠道，作为循环添加水的来源。如此往返，将刮粪板刮下的牛粪便依次循环带到固液分离车间进行分离。

发酵制作垫料：分离出的干牛粪，干物质 55%~60%，60% 以上干物质最理想，在发酵大棚中发酵 17 天，发酵后的粪便最好再次晾晒，水分控制在 30%、干物质 70% 时用于奶牛卧床垫料为宜。

图 4-3-4　奶牛养殖场粪便积粪池与固液分离设备

3. 氧化塘处理单元

该奶牛场每天粪便总量为280吨，其中粪水经固液分离后基本回用用于冲粪，极少量（约10吨）排放到氧化塘，经过氧化处理稀释后用于周边农田灌溉（图4-3-5）。该过程采用氧化塘的优点是土建投资少，有利于废水综合作用；但缺点是容易受气温、光照等影响，管理不当则易散发臭味而污染环境。

图4-3-5　经固液分离后的粪水氧化塘

4. 垫料回用单元

垫料回用阶段为固液分离后的粪渣通过发酵床工艺，晒干后用作奶牛的卧床垫料。经晾晒处理后的牛粪，含水率30%左右，用作垫料基本无臭味，蚊蝇少，且奶牛更乐意选择这种垫料。但是与传统方式相比，这种垫料对管理要求更高、更精细，主要包括卧床的维护、控制垫料湿度、牛舍通风与降温等（图4-3-6、图4-3-7）。

发酵大棚，长度80米，总宽度12米（每个翻刨道宽6米），棚总高度6米，其中发酵池高度1.5米。内部，两个发酵长廊，每个宽度6米，发酵翻刨机械操作宽度6米，轨道跨越两个发酵长廊之间。在大棚封闭发酵17天。

发酵后晾晒，水分控制在30%，干物质70%，储存在大棚内备用。

四、投资效益分析

大同四方高科奶牛场采用清洁回用模式的畜禽粪便处理方法，通过晾晒牛粪作为卧床

图 4-3-6　发酵车间即发酵大棚

图 4-3-7　晾晒

垫料，使奶牛场实现牛床垫料自给自足；通过循环用水降低生产过程用水成本。

据测算，该奶牛场正常运营后，每头泌乳牛每年能节约垫料 40 立方米；预计到 2016 年该场泌乳牛约 3 000 头，每年需 12 万立方米的垫料，而锯木垫料成本 80 元 / 立方米，则节约垫料费用 960 万元 / 年。此外，通过每天循环水 80 吨，年节约 2.9 万吨，当下水价 2 元，则每年节约用水 5.8 万元。

固液分离运行成本分析：

（1）人工。粪便处理系统日常仅需一人值班，每月工资按 2 600 元计，即 31 200 元 / 年。

（2）耗电。粪便处理系统总装机容量为 86 千瓦，满负荷运行系数取 0.7，每天运行时间以 6 小时计，电价以 0.50 元 /（千瓦・小时）计，则年耗电费为 65 919 元 / 年。

固液分离年运行费用以上两项费用总和，即 31 200+65 919=97 119 元

因此，在这种模式下的养殖方式在减少畜禽粪便污染的同时，不仅能降低生产成本，而且能够节约牛床垫料和水资源，通过粪便资源的综合利用实现经济效益、环境效益双赢。

同时，奶牛场的粪水含有大量的有机物，经过粪水的循环利用与氧化塘处理相结合，不仅减少了污染物的排放总量，而且可以降解大部分有机物，能够有效减少对环境的污染。该模式下通过有效地控制污染物的排放，改善环境，同时又可以获得生产原料节约生产成本，具有良好的社会效益，是一种值得推广的粪便资源化利用模式。

案例 4　天津神驰农牧发展有限公司
【粪水回用和牛粪生产垫料】

一、简介

天津神驰农牧发展有限公司，占地 370 亩，建筑面积 59 800 平方米。存栏泌乳牛 967 头，干奶牛 249 头，犊牛 241 头，青年牛和育成牛共计 934 头，全群共计 2391 头牛。公司引进澳大利亚荷斯坦纯种奶牛和美国集中挤奶散栏饲养工艺，同时采用并列式挤奶自动脱杯挤奶机、全混合日粮（TMR）饲喂技术、全程数字化智能电脑管理监控技术、污物生态无公害处理技术等国内外先进的生产技术。年产原料奶达 10 000 吨（图 4-4-1）。

奶牛场产生的废弃物包括生活用水、场内粪便排放及清洁用水等。每天居民生活废水排放量为 7.41 立方米；奶牛场每天产出约 91.6 吨的粪便量；每天挤奶厅产生的废水总量约 61 立方米。

图 4-4-1　养殖场概貌

二、工艺流程（图 4-4-2）

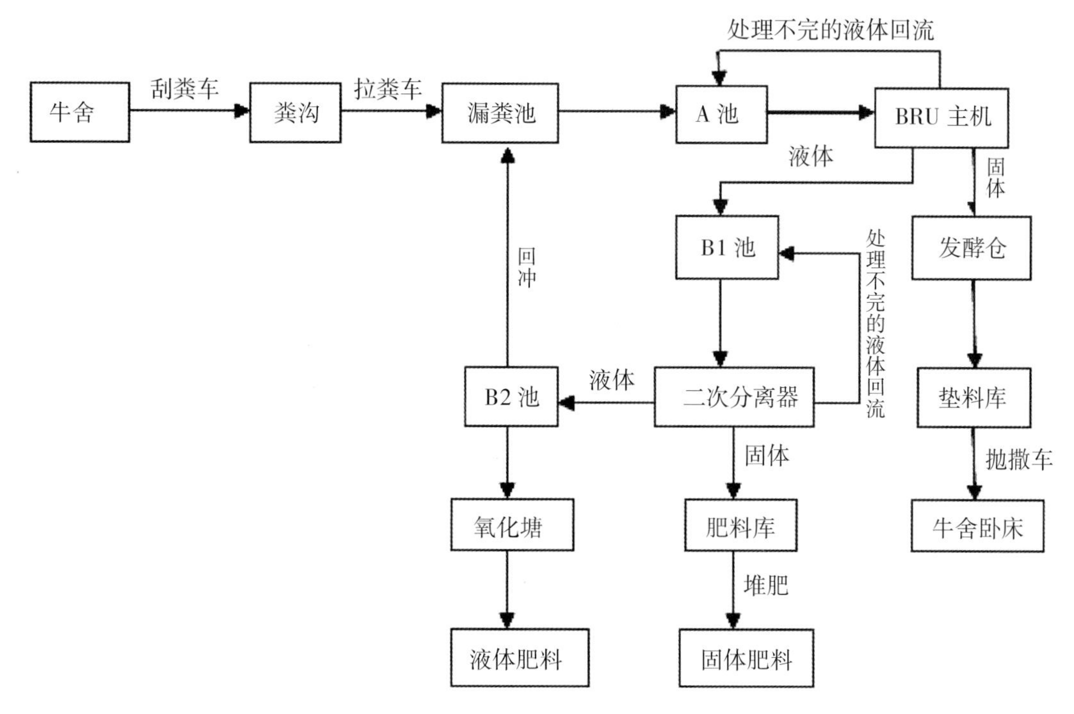

图 4-4-2　奶牛场粪便处理流程

三、技术单元

奶牛场的粪便系统主要包括：粪便收集系统、粪便输送系统、粪便贮存系统、粪便处理及利用系统。

1. 粪便收集系统

牛舍内的粪便通过清粪车推到粪沟中，进行收集。推粪车使用传统的拖拉机进行改造。粪沟设置在牛舍一端。清粪车每次进行清粪时，需将奶牛赶入运动场。该牛场清粪次数为每日 3 次。图 4-4-3 为该奶牛场的清粪车和牛舍一端的粪沟。

图 4-4-3　清粪车和粪沟

2. 粪便输送系统

粪沟中收集的粪便在短时间内由铲车铲出放入拉粪车中，再由拉粪车运送到漏粪池。粪沟中严禁长时间堆置粪便，以免影响牛舍的环境质量，以及整个牛场的空气质量。拉粪车使用是传统的小功率四轮车，如图 4-4-4 所示。

图 4-4-4　铲车清粪和拉粪车

3. 粪便贮存系统

粪便经拉粪车运至漏粪池，从拉粪车中卸载后，经漏粪池的漏网表面自动流入漏粪池内。粪便从地表通过漏网过滤进入漏粪池中，可将粪便中较为粗大的物质，如秸秆、塑料等过滤到漏粪池外。漏粪池中的粪便通过暗管内的循环水回冲，流向污物收集车间 A 池。如图 4-4-5 所示，为该奶牛场的漏粪池和污物收集车间。

图 4-4-5 漏粪池和污物收集车间

4. 粪便处理及利用系统

（1）污物收集车间。污物收集车间主要包括 3 个集污池，分别为：A 池，B1 池，B2 池。A 池的规格为：6 米 ×6 米 ×4 米（深 4 米），计算容积 144 立方米。B1 池、B2 池的规格为：6 米 ×3 米 ×4 米（深 4 米），计算容积分别为 72 立方米。每个集污池中设置 MSXH15 搅拌器两台。其平面示意图如图 4-4-6 所示。

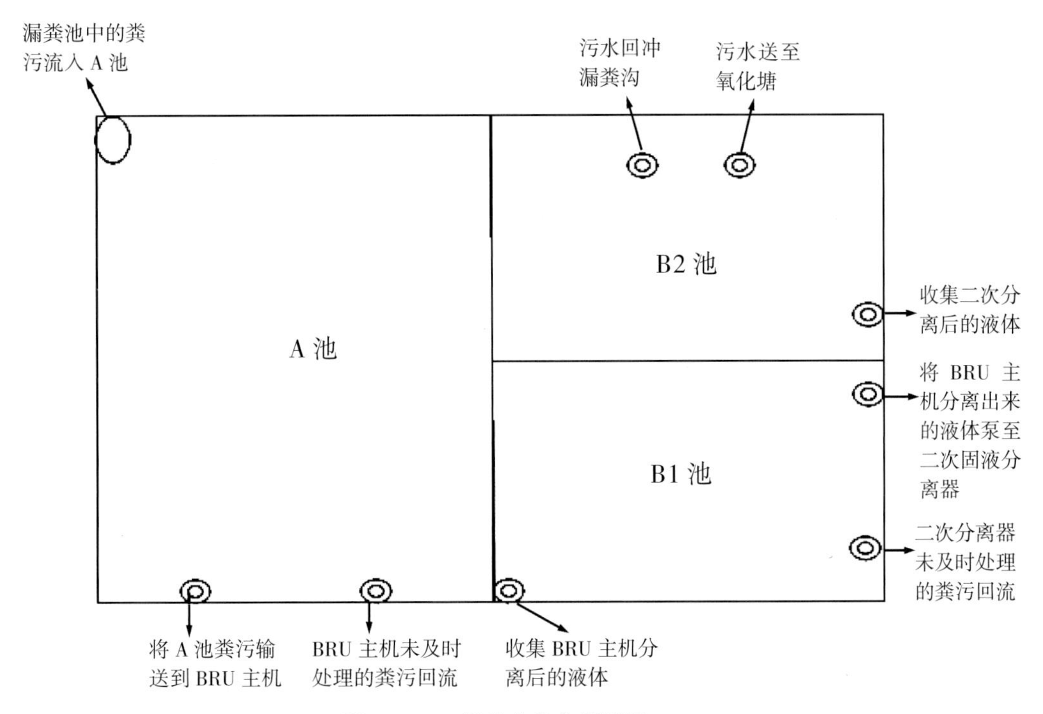

图 4-4-6 污物收集车间平面

工作原理：A 池通过地下管道与漏粪池相连，漏粪池中的粪便经 B2 池的粪水回冲，流向 A 池。A 池与 BRU 主机之间有两条管道，其中一条用来向 BRU 主机输送粪便，另一条用来对未及时处理的粪便进行回流（图 4-4-7）。

图 4-4-7　污物收集车间中的 A 池、B1 池和 B2 池

（2）牛床垫料再生系统 BRU。牛床垫料再生系统 BRU 主要包括 BRU 主机、控制面板、发酵仓、输料设备及二次分离器（图 4-4-8）。

图 4-4-8　牛床垫料再生系统 BRU

① BRU 主机：用来对收集到的粪便进行固液分离。BRU 主机连接三条管道，其中一条用来进料，一条用来对未及时处理的粪便进行回流，一条用来输送处理完的粪便液体。从 BRU 主机中输出的固体干粪将进入发酵仓（图 4-4-9）。

图 4-4-9　BRU 主机

② 控制面板：可显示整个设备各进出口物料的温度及含水率（图 4-4-10）。

图 4-4-10　技术人员操作演示和 BRU 系统控制面板

控制面板显示的 BRU 系统的技术参数有：

发酵仓中的温度：65℃左右

输出量：45 立方米 / 天

发酵时间：12~18 小时

垫料干物质含量：40%~42%（发酵仓中的物料含固率）

③ 发酵仓：用来对 BRU 主机固液分离后的固体物料进行烘干和杀菌。微生物发酵使仓内的温度逐渐上升，最高可达 70℃，一般情况下温度为 65℃左右，大部分细菌将被灭活。同时，高温也使垫料中的水分尽快烘干。由发酵仓输出的物料在含水率及微生物含量上均已达标（图 4-4-11）。

图 4-4-11　发酵仓

④ 输料设备：将发酵仓内已完成杀菌及烘干过程的物料输送到垫料库（图 4-4-12）。

图 4-4-12　发酵仓的出料口及输料设备

⑤ 二次分离器：因 BRU 主机对粪便进行第一次固液分离后，分离出的液体含固率仍然较高，为保证粪便中固体物质得到充分利用，以及保证液体部分的含固率满足用作回冲粪沟水质的标准，故对 BRU 主机分离出的液体进行二次固液分离。分离机放置在污物收集车间与肥料间的交界处。如图 4-4-13 所示。

图 4-4-13　二次固液分离器的近视图和远视图

（3）固液处理设备。

① 固体处理设备：作垫料，经 BRU 主机进行第一次固液分离后得到的固体物料在发

酵仓内充分发酵，产生 65℃左右的高温，在高温下固体物料得以干燥灭菌，由输料设备输送到垫料库，再由抛料车将垫料运至牛舍，铺在牛舍卧床上（图 4-4-14）。

图 4-4-14　抛料车和 BRU 再生垫料作牛舍卧床垫料

作肥料，经二次固液分离后的固体物料，由于含水量较高，故堆放在肥料库进行发酵，作为农田或果林的固体肥料（图 4-4-15）。

图 4-4-15　肥料施用于牛场周边的果林

② 液体处理设备：经 BRU 系统处理后的液体，一部分用来回冲漏粪沟，另一部分通过管道输送到氧化塘，进行氧化发酵，最终成为肥料，施用于牧场周边的枣林或农田。该场粪便液体循环系统如图 4-4-16 所示。

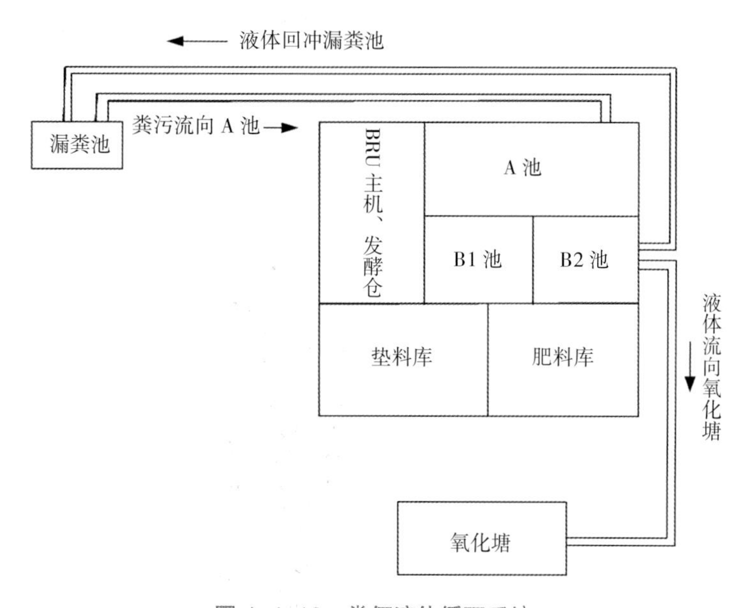

图 4-4-16　粪便液体循环系统

用作回冲水的粪水：粪沟冲洗系统利用二次分离后的液体，通过埋设在地下的细管道，在泵压的作用下，回流至漏粪沟，与收集到的牛粪充分混合，稀释牛粪，使其通过管道流入粪便收集池（图 4-4-17）。

图 4-4-17　漏粪池和粪便收集池

流入氧化塘的粪水：B2 池中的部分液体在泵压的作用下，通过地下管道流入氧化塘。粪水在氧化塘中经过氧化发酵，使液体中的有机物质得到充分分解后，便可作为液肥施用于农田或果林等（图 4-4-18）。

图 4-4-18 氧化塘

四、投资效益分析

（一）优点

BRU 可再生垫料与传统的垫料相比，具有突出优势：与沙子等传统无机垫料相比，BRU 再生垫料更接近奶牛喜欢的自然舒适的草地环境，舒适性好，奶牛易于接受，且后期粪便处理比沙子更简洁方便；与稻草等传统有机垫料相比，BRU 再生垫料易获得，成本低，无季节性影响，可长期供应，管理方便等。此外，在环保性、安全性、舒适性及经济性等方面也具有优势。采用 BRU 系统对奶牛场粪便进行处理后，场区内的环境得到改善，臭气排放量减少，蚊蝇等寄生虫减少，奶牛场整体环境的安全性得到提高。牛舍卧床使用 BRU 再生垫料后，奶牛乳房炎及跛足病的患病率下降。

（二）牛奶产量效益

奶牛场在使用 BRU 再生垫料之后，每头泌乳牛的日平均产量可提高 2.47 千克，每千克牛奶的市场价格为 4.3 元，则该场 967 头泌乳牛每年可增加的经济效益为 374.87 万元。

（三）投资效益比较

不使用 BRU 系统支出：在使用 BRU 系统处理粪便之前，牛场牛粪处理方式是将其堆置晾晒一定时间后，晒成干牛粪，然后对外进行销售。

根据现在的牛粪市场价格，对粪便处理的费用进行评估：

人工费 =3 000 元 ×12 月 ×3 人 =10.8 万元

干牛粪出售收入 =91.6 吨 / 天 ×365 天 ×（1−85%）×200 元 / 吨≈ 100.30 万元

该奶牛场在使用 BRU 再生垫料之前，常用的垫料为小麦秸秆或玉米秸秆。小麦秸秆的费用为 300 元 / 吨（包括运输费用），玉米秸秆的费用为 150 元 / 吨（包括运输费用）。折算成体积价值为：小麦秸秆 180 元 / 立方米，玉米秸秆 90 元 / 立方米。奶牛场的卧床总容积为 1 756.8 立方米。每年使用秸秆作为卧床垫料的费用为：

玉米秸秆的费用 =90 元 / 立方米 ×1 756.8 立方米 ×39 周≈ 616.64 万元

小麦秸秆的费用 =180 元 / 立方米 ×1 756.8 立方米 ×13 周≈ 411.09 万元

每年使用秸秆作垫料总费用 =616.6368 万元 +411.0912 万元≈ 1 027.73 万元

该奶牛场在使用 BRU 再生垫料之前每年用于粪便处理及购置垫料的费用为 938.23 万元（减去出售牛粪的收入）。

使用 BRU 系统费用：设备购置费用 300 万元，垫料产量足以供应该牛场牛舍卧床使用，每年设备维护支出费用 43.8 万元。

综上所述，使用 BRU 系统不仅解决了该奶牛场粪便污染问题，且为牛场提供了舒适充足的卧床垫料，进而提高了该奶牛场的经济效益。

案例 5　齐齐哈尔市汇轩生物科技有限公司
【牛粪发酵床】

一、简介

齐齐哈尔市汇轩生物科技有限公司是集奶牛生态养殖研究及成果应用于一体的规模化、生态化、环保化、科技创新型企业。公司结合目前国内奶牛养殖场存在的粪便处理难、环境污染严重、卧床铺垫成本高的现状，提出“环保养牛、福利养牛、科学养牛”的理念与技术路线，采用生态养殖模式对养殖过程中产生的粪便进行无害化处理，以科技开发为中心、以生态养殖、有机肥生产为纽带，变粪为宝、造福百姓。

二、工艺流程

发酵床养殖技术是以微生物发酵垫料为载体，有益菌群快速消化分解粪尿等养殖排泄物及有害气体，释放热能的原理。菌种配伍如图 4-5-1 所示。

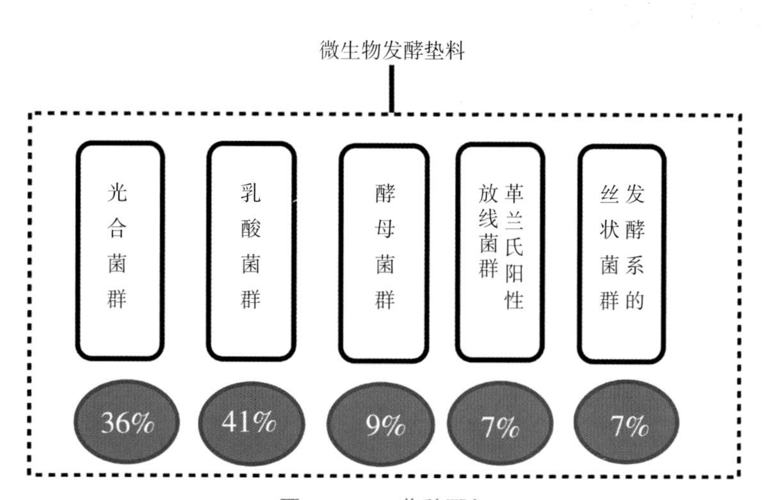

图 4-5-1　菌种配伍

菌种中配伍微生物各自发挥着重要作用，核心作用是光合细菌和乳酸菌为主导，其合成能力支撑着其他微生物的活动，共同将绝大部分粪尿分解成水蒸气和无害气体排放。

三、技术单元

1. 发酵床的制作（图 4–5–2）

垫料材质：锯末，稻壳，稻壳粉。

垫料厚度：垫料层 50 厘米。

成本核算：每平米牛舍 3 年成本为 186.8 元。

具体计算方式如下：

菌种：每 3 年 144 元 / 平方米；

垫料：1 吨稻壳粉可以铺垫 7 平方米牛舍，每吨稻壳粉费用为 300 元，每平方米垫料费用为 42.86 元。

图 4–5–2　发酵床实景

2. 发酵床的维护

布菌后立即上牛，菌床需要充足的牛粪尿作为养料以供繁殖，第一次翻抛是在上牛后 7~10 天（请严格按技术人员要求操作），之后必须保证 2~3 天进行一次深度为 25 厘米的抛翻，每次翻抛后请认真做好记录（图 4–5–3）。

自布菌日起第二天开始在菌床选择不同位置的 6 个点，测量其表层以及 25 厘米左右

图 4–5–3　维护现场

深度的温度、湿度，同时记录室外、室内的环境温度及湿度，并认真填写表格，发现异常及时与公司技术人员沟通。

应培养奶牛不固定排粪尿的习惯，有固定排的粪便习惯的牛群，需人工抛翻，使得粪便分布较为均匀。

定期抛翻是保证菌床菌种正常扩繁及菌群正常分解粪便能力的一个重要因素，通过对菌床进行精心养护，可以保证垫料中有益微生物菌群始终维持在较高的繁殖速率、理想的菌群数量以及快速分解消化粪尿能力，从而提高发酵床使用寿命。

四、发酵床的优势与不足

1. 技术对比（表 4-2）

表 4-2　技术对比

传统养殖技术	发酵床技术
需要粪便处理系统，增加巨额投入	农副作物垫料搭配、由微生物酵解粪便
干湿分离系统用水量大，氧化塘粪水无法处理	无需冲洗，节水 90%
发病率高，治疗费用高	环境清洁，缓减应激，自身抵抗力强，发病率低，治疗费用少
传统牛舍冬季湿度大、氨气大，卧床冰冷，舒适度差	微生物代谢调节产热，冬天菌床可保持 20℃温度，舒适度好

2. 优势分析

（1）节约牛场建造成本。微生态养牛的圈舍可以采用单列式，或双列式。除了通常必备的围栏、食位、饮水装置、操作通道等外，还设置了垫料槽、垫料及翻抛机通道等。

主要体现在以下 3 个方面。

① 节约圈舍建造成本 25% 左右，主要是不用建设地下粪渠、粪便处理车间、氧化塘、清粪通道等设施。

② 省去卧栏、牛床垫的投资，平均每头奶牛养殖位节约投入 1 000 元左右。

③ 北方寒冷地区不用设置取暖设施。

（2）减少机械设备投入。微生态养牛的圈舍的维护机械只需要旋抛机等简单机械，每两天对垫料上层进行翻抛，半个月左右进行一次整体抛翻。

主要体现在以下 5 方面：

① 不必购置刮粪板、铲车等粪便收集机械；

② 不必购置翻斗车、抛撒机等运送机械；

③ 不必购置粪便固液分离设备；

④ 不必购置沼气、有机肥生产设备；

⑤ 不必购置排污管道疏通、养护设备。

（3）降低牛舍运行成本。主要体现在以下 5 个方面。

①生产一线人员减少 32%；

②机械燃油节约 67%，节电 16%；

③平均每个牛卧位节约垫料费 462 元；

④平均每头牛管理费用节约 1 000 元；

⑤奶牛治疗费大幅度降低。

（4）提高奶牛生产水平。主要体现以下 5 个方面：

①奶牛单产提高 15% 左右；

②乳房炎发病率降低至 1% 左右；

③肢蹄发病率减低 82%；

④吨奶饲料消耗量明显下降；

⑤奶牛产奶高峰期提高 19~33 天。

3. 发酵床的不足

北方牛舍建设成本比较高，每头泌乳牛需要 15 平方米左右面积，所以舍内载畜量比较低，很多牧场考虑建设成本的问题，对泌乳牛开展比较少。

五、投资效益分析（表 4-3）

表 4-3　投资效益分析　（元）

成本投入比较（千头牧场投入对比）			
科 目	发酵床牧场	传统牧场	差额
菌 剂	121.6 万	0	-120 万
卧床垫料及人工费用	3 万	80 万	-77 万
抛翻机	1.2 万	0	-1.2 万
刮粪板	0	78 万	78 万
筛分车间	0	90 万（含设备）	90 万（含设备）
中转池、混合搅拌池	0	120 万	120 万
粪水池	0	150 万	150 万
管 网	0	105 万	105 万
铲 车	0	5 万	5 万
奶牛医疗费用	30 万	40 万	10 万
能源节约	综合计入各项费用比较		10 万
合 计			523.8 万元

案例 6　现代牧业（宝鸡）有限公司
【粪水回用和牛粪生产垫料】

一、简介

现代牧业（宝鸡）有限公司位于陕西省眉县青化乡，成立于 2008 年，占地面积 2 000 亩，地势平坦，是一家专业从事牛奶生产的养殖企业。养殖规模设计存栏 2 万头，2015 年存栏 1.9 万头。牛场采用散栏式圈舍。牛场建设 4 台 80 位转盘挤奶机用于挤奶。投资 4 760 万元，建有 2 万立方米大型沼气工程；11 万 立方米沼液贮存池，可近 4 个月所产沼液，5 000 平方米沼渣晾晒棚。

二、工艺流程（图 4-6-1）

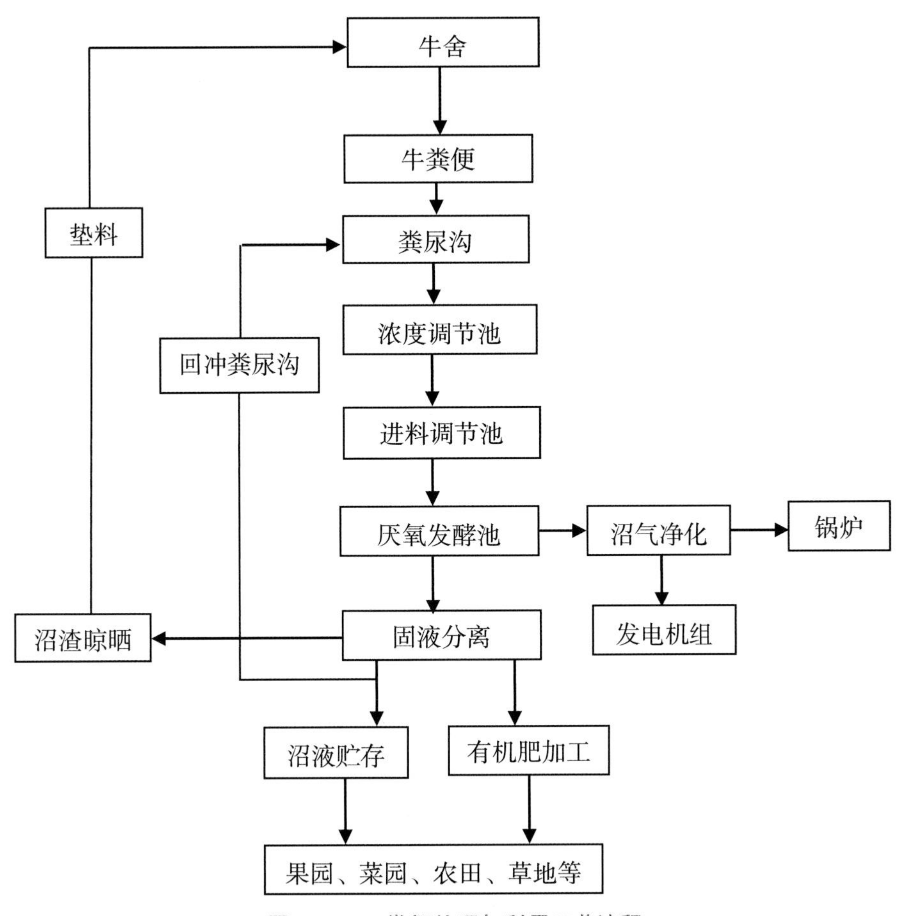

图 4-6-1　粪便处理与利用工艺流程

奶牛养殖企业在生产过程中排出的粪便主要为牛奶产生过程中的粪、尿、冲洗废水。该企业奶牛常年存栏近 2 万头，每天的粪便量推算：日产鲜牛粪 25 千克 / 头 ×20 000 头 500 吨；排尿量 30 千克 / 头 ×20 000 头 600 吨，冲洗粪水量 25 千克 / 头 ×20 000 头 500 吨，每天排放的粪、尿及冲洗废水总量约为 1 600 吨。

全部粪尿与冲洗粪水进入地下式中温全混式厌氧反应器（CSTR）厌氧发酵处理，处理后沼液沼渣进行固液分离。分离后的沼渣经晾晒到水分在 40% 以下，用作牛舍垫料；分离后的沼液 1/3 回冲粪沟中粪便用，2/3 作为液肥出售给周边果树、蔬菜等种植场户用沼气主要用于发电。

三、技术单元

1. 粪便收集

粪便采用机械刮粪板刮出（图 4-6-2），每个粪道每 2 小时刮一次粪。粪便刮入牛舍两端或中间的粪沟（图 4-6-3 ）。

图 4-6-2　牛舍粪道刮粪板

图 4-6-3　牛舍粪便刮入粪道

2. 粪便的输送

粪沟里的粪便用沼气处理后固液分离的上清沼液，每天定时多次冲入调节池，冲洗时间和牛舍刮出粪时间联控，节约冲洗时间。

粪沟的粪便通过重力自行流到每栋圈舍设置的调节池（图 4-6-4），每个调节池体积 6 米 ×6 米 ×6 米。流入调节池的粪沟直径 40 厘米，坡度 1.5%。

粪便在调节池搅拌均匀后通过 7.5 千瓦、直径 16 厘米的粪水泵泵入进料调节池（匀浆池），匀浆池体积 11 米 ×11 米 ×6 米。粪便在匀浆池搅拌均匀后，由直径 16 厘米的粪水泵泵入厌氧发酵池，并由电磁流量计控制泵入量（图 4-6-5）。

图 4-6-4 粪便调节池

图 4-6-5 粪便匀浆池

粪便的冲洗及输送采用全自动控制。

3. 粪便厌氧发酵

粪便在沼气池内进行厌氧发酵，生产沼气（图 4-6-6）。厌氧发酵池共 8 个，每个 2 500 立方米，合计 2 万立方米。采用地下式中温厌氧发酵，沼气池的温度控制在 35℃左右，采用盘管换热方式，加温热源为沼气锅炉产生的热水。沼气池设有温度传感器。粪便厌氧发酵停留时间约 20 天（图 4-6-7）。

图 4-6-6　沼气发酵池

图 4-6-7　沼气贮气柜

4. 沼气

沼气池产生的沼气送到 2 万立方米沼气贮气柜，经过除尘、脱硫、脱水、稳压等净化过程后进入热电联产沼气发电机组 (图 4-6-8) 和沼气锅炉 (图 4-6-9)。发电机组共 5 台，每台 500 千瓦；沼气锅炉额定蒸发量 8 吨。产生的电能全部自用，沼气锅炉产生的热能主要用于厌氧罐的增温、保温，多余的蒸汽热水用于挤奶厅的清洗、消毒等。

图 4-6-8　发电机组

图 4-6-9　沼气锅炉

5. 固液分离

在厌氧发酵池的末端安装粪水泵，厌氧发酵后的物料泵入固液分离机（图 4-6-10），现有 6 台德国产固液分离机。分离后的沼渣含水率 70% 左右，每天产沼渣量约 400 立方米。

6. 沼渣利用

沼渣在 5 000 平方米的钢构太阳板晾晒棚晾晒，经晾晒后含水率降到 40% 以下，再用作牛卧栏垫料（图 4-6-11），目前沼渣全部晾晒用作牛卧栏垫料。

图 4-6-10　发酵后物料固液分离

图 4-6-11　晾晒沼渣

7. 沼液利用

厌氧发酵后的物料经固液分离后，每天产生的沼液约 1 300 吨，约 1/3（每天 430 吨）作为回冲粪沟中的粪便用；2/3（870 吨 / 日）作为液肥出售给周边果树、蔬菜、农作物等种植场户用。该企业建有 11 万立方米沼液贮存池（图 4-6-12），沼液池进行防渗处理，可贮存近 4 个月所产沼液，有沼液运输车 23 辆（图 4-6-13 ）。

图 4-6-12　沼液池带有覆盖膜

图 4-6-13　沼液运输车

四、投资效益分析

该养殖场在粪便处理利用方面共投资 4 760 万元，建有 2 万立方米大型沼气工程、2 立方米沼气贮气柜、6 台德国产固液分离机、5 000 平方米沼渣晾晒场、11 万立方米沼液贮存池、23 台沼液运输车等粪便处理与利用设施。

年发电量在 800 万度，每度电按 0.5 元计算，收益 400 万元；沼液年销售约 35 万立方米，每立方米 3 元左右，年收入 105 万元，收入合计 505 万元。

年节约冲洗用水 15 万吨，每吨 1 元，计 15 万元；垫料按沙子计算，每头成年牛年用 6 立方米，1.2 万头牛年用沙子 7.2 万立方米，每吨沙子 50 元，节约 360 万元。节约合计 375 万元。

收入与节约合计 880 万元。

粪便处理年用电约 40 万度，成本 20 万元；常年劳动用工 40 个，费用 150 万元；车辆运输费 100 万元；粪便处理利用设施维护费 300 万元。年运行成本合计 570 万元。

参考文献

曹玉风，李建国 . 2004. 奶牛场粪尿无害化处理技术 [J]. 中国奶牛（02）：56–57.

戴洪刚，唐金陵，杨志军 . 2002. 利用蝇蛆处理畜禽粪便污染的生物技术 [J]. 农业环境与发展，19（01）：34–35.

戴梦南 . 2014. 生物处理畜禽粪便及对蚯蚓养殖效果的研究 [D]. 湖南农业大学 .

邓良伟 . 2004. 规模化畜禽养殖场废弃物处理模式选择 . 中国畜牧兽医学会家畜生态学分会第六届全国代表大会暨学术研讨会 .

甘寿文，徐兆波，黄武 . 2008. 大型沼气工程生态应用关键技术研究 [J]. 中国生态农业学报（05）：1 293–1 297.

龚松 . 2014. EGSB+ 生物接触氧化 +MBR 处理规模化猪场废水的试验研究 [D]. 武汉科技大学 .

郭亮，金光明，王立克，等 .2001. 现代养牛生产中的粪便处理 [J]. 安徽农业技术师范学院学报（02）：49–51.

韩如冰 . 2006. 家蝇精细养殖技术 [J]. 畜牧兽医科技信息（9）：96–97.

黄学贵，刘晖，贺莉芳，等 . 2013. 畜禽粪便生产家蝇蛆用于肉鸡饲养的研究 [J]. 安徽农业科学（01）：164–165.

黄自占，陆达元，张乃种 . 1988. 蝇蛆养殖与利用 [J]. 医学动物防治，4（3）：93–110.

贾春雨 . 2010. 规模化畜禽养殖场废弃物处理工程模式研究 [J]. 环境科学与管理，35（8）：29–31.

解世德，黄守任，白钧，等 . 1984. 畜禽粪便养殖蚯蚓试验 [J]. 甘肃农大学报（01）：139–144.

孔凡虎，林亚峰，杨志强 . 2012. 蚯蚓处理畜禽粪污工艺条件研究进展 [J]. 山东畜牧兽医（09）：88–89.

李季，彭生平 . 2011. 堆肥工程实用手册 . 北京：化学工业出版社 .

李娟 . 2012. 发酵床不同垫料筛选及其堆肥化效应的研究 [D]. 山东农业大学 .

林斌，徐庆贤，钱蕾 . 2006. FZ–12 固液分离机机构特点及其在猪场粪便处理中的应用 [J]. 福建农业科技（6）：60–61.

林昌源 . 2014. 规模化养猪场粪便处理新技术：密闭式堆肥反应器 [J]. 中国畜牧业（17）：53–54.

林聪，光泽 . 2001. 养殖场粪便处理与综合利用技术研究 [J]. 农业工程学报，增：142–145.

林代炎，翁佰琦 . 2007. 固液分离机研制与应用效果 [J]. 中国沼气，25（1）：31–34.

刘斌 . 1995. 利用动物粪便生产微生物和昆虫的蛋白质产品（三）：利用畜禽粪便栽培蘑菇 [J]. 广西畜牧兽医（04）：52–53.
刘亚纳 . 2005. 赤子爱胜蚓处理畜禽粪便的工艺条件研究 [D]. 河南农业大学 .
马立新，刘卫华，荆和平，等 . 2013. 利用畜禽粪便生产沼气的技术装备研究与效益分析 [J]. 江苏农机化（01）：32–34.
彭英霞，李俊卫，王浚峰，等 . 2015. 奶牛场固体牛粪用作卧床垫料的工艺分析 [J]. 中国奶牛（02）.
彭英霞，王浚峰，高继伟 . 2012. 畜牧场固液分离及水冲系统简介及设计要点 [J]. 中国沼气（05）：38–42.
秦翠兰，王磊元，刘飞，等 . 2015. 畜禽粪便生物质资源利用的现状与展望 [J]. 农机化研究（06）：234–238.
任友安 . 2008. 利用畜禽粪便养殖蝇蛆技术特点分析 [J]. 现代农业科技（12）：280.
史光华 . 2004. 北京郊区集约化畜牧业发展的生态环境影响及其对策研究 [D]. 中国农业大学 .
孙渊，樊盛萌 . 2000. 蚯蚓与垃圾 [J]. 环境教育（1）：36 .
陶秀萍，董红敏 . 2009. 畜禽养殖废弃物资源的环境风险及其处理利用技术现状 [J]. 现代畜牧兽医（11）：34–38.
汪莉，蒲德伦，苏军 . 1999. 畜牧场粪水的综合治理 [J]. 四川畜牧兽医学院院报，13（4）：57–62.
王芳，朱芬，雷朝亮 . 2010. 利用畜禽粪便饲养家蝇的技术及应用 [J]. 应用昆虫学报，47（4）：657–664.
王磊，张永东 . 2014. 牛粪好氧堆肥处理技术 [J]. 中国牛业科学（05）：87–89.
王磊，付永胜，宋炜 . 2005. SBR 处理养猪场废水研究 [J]. 西华大学学报（自然科学版），24（6）：43–45.
王允妹，陈明 . 2014. SBR 法处理低 C/N 粪水的工程应用 [J]. 环境保护与循环经济：47–49.
熊兀，成钢，朱珠，等 . 2014. 食用菌栽培基料研究进展 [J]. 中国食用菌（04）：5–8.
杨丽红 . 2013. 膜生物反应器（MBR）在中水回用中比较研究 [J]. 环境研究与监测，26（1）：38–41.
周庆三，高树伟 . 2003. 牛粪便处理设备的研究现状 [J]. 农机化研究（1）：82–83.
Bauer, A., Mayr, H., Hopfner–Sixt, K., Amon, T. 2009. Detailed monitoring of two biogas plants and mechanical solid – liquid separation of fermentation residues[J]. Journal of biotechnology, 142(1): 56–63.
Ndegwa, P. M., Thompson, S. A., Das, K. C. 2000. Effects of stocking density and feeding rate on vermicomposting of biosolids[J]. Bioresource Technology, 71(1): 5–12.